石油工程伦理学

闫亮亮　编著

中国石化出版社

图书在版编目(CIP)数据

石油工程伦理学/ 闫亮亮编著.—北京:
中国石化出版社, 2019.2
ISBN 978-7-5114-5207-8

Ⅰ.①石… Ⅱ.①闫…Ⅲ.①石油工程-伦理学-教材
Ⅳ.①B82-057

中国版本图书馆 CIP 数据核字(2019)第 022818 号

中国石化出版社出版发行

地址:北京市朝阳区吉市口路 9 号
邮编:100020 电话:(010)59964500
发行部电话:(010)59964526
http://www.sinopec-press.com
E-mail:press@ sinopec.com
北京富泰印刷有限责任公司印刷

*

710×1000 毫米 16 开本 8.5 印张 153 千字
2019 年 4 月第 1 版 2019 年 4 月第 1 次印刷
定价:48.00 元

前　言

1. 石油工程伦理教育的意义

当代工程伦理教育受到高度关注。一方面，工程实践在现代社会中发挥着越来越重要的作用，工程活动对人们的生活产生着越来越广泛的影响；另一方面，工程实践越来越密切地关系到各种伦理问题，而这些伦理问题涉及对工程行为正当性的思考和价值判断，往往需要在价值冲突中作出正确的价值选择。

20世纪70年代以来，美国、法国、德国、日本、英国等发达国家相继开展工程伦理教育。90年代之后，加强工程伦理教育、提高工程师和其他工程实践者的社会责任日渐成为工程教育的重要内容。自1994年起，美国工程教育协会(ASEE)和美国国家科学基金会(NSF)分别发表了关于工程教育改革的相关报告，呼吁重视工程师面临的伦理问题，号召加强工程伦理方面的教育。美国国家工程院的报告也指出，伦理标准是未来工程师应具备的基本素质之一。1996年开始，美国在注册工程师考试中将工程伦理纳入"工程基础"考试范围，从而使工程伦理教育被纳入到教育认证、工程认证的制度体系之中。

石油工程伦理教育对于石油工程师的培养和工程实践具有重要意义。它不仅关系到工程师自身伦理素养和社会责任的提升，而且通过工程这一载体还关系到经济、社会与自然的和谐发展。其意义具体包括以下三个方面。

第一，开展石油工程伦理教育有利于提升石油工程师伦理素养，加强工程从业者的社会责任。一段时间以来，我国工程教育多注重专业知识与技能的培养，不太重视工程伦理教育环节，使得工程师在工程实践中往往只看到技术问题，认为工程引发的环境问题、社会问题与自己无关。同时，在具体工程实践中，片面追求经济效益、无视工程社会责任的现象屡有发生。石油工程伦理教育的重要意义，就在于提升工程师的伦理素养，强化工程师和其他工程从业者的社会责任，使其能够在工程活动中意识到工程对环境和社会造成的影响，将公众的利益而非经济利益放在突出的位置。

第二，开展石油工程伦理教育有利于推动可持续发展，实现人与自然的协同进化。现代工程技术已经得到极大发展，人类控制自然的能力不断提高，改造自然的进程也随之加快。但如果人类滥用知识和技术的力量，就会对自然环境带来极大破坏，并因此导致能源危机、生态危机和环境污染。工程作为经济发展的基本实践方式，必须坚持合理的发展理念，在工程设计和工程建设中将可持续发展、协调发展作为基本准则之一。工程伦理教育通过对技术、利益、责任和环境等方面伦理问题的探讨和分析，让工程师建立保护自然的意识，在经济利益与自然权利之间作出平衡，从而通过工程推动经济的可持续发展，实现人与自然的协同进化。

第三，开展石油工程伦理教育有利于协调社会各群体之间的利益关系，确保社会稳定和谐。随着工程规模的扩大和高度集成化，工程对社会产生的影响越来越大，所牵涉的范围也越来越广。如何协调各利益相关方的利益关系，不但关系到社会的稳定和谐，也关系到是否能够有效规避工程的风险，并让广大公众共享工程实践带来的福祉。近年来，类似PX项目这样的超大型化工项目引发的社会冲突就非常值得反思。这些大型化学工程往往年产值高达数十亿，能够极大地拉动地方的经济发展，但与此同时，如果不能合理地兼顾各种利益诉求，就会导致公众与政府、企业之间出现信任危机，就会影响社会的稳定、和谐和共享发展。工程伦理教育强调加强社会责任，合理进行价值分配，协调不同的利益诉求，特别是强调要注重和保障公众利益，使工程师能够在工程实践中更有效地发现和解决技术应用中的风险问题，协调好公众、雇主和社会其他利益群体的关系，从而避免冲突，确保社会稳定，这也是工程伦理教育所具有的重要意义。

2. 石油工程伦理教育的目标

石油工程伦理教育的目标是什么？如果说石油工程伦理教育的重要任务是提高工程师伦理素养，那么工程师伦理素养的内涵是什么？

针对这些问题，美国工程伦理学家戴维斯(M. Davids)曾将大学工程伦理教育的目标总结为以下四个方面：①提高学生的道德敏感性；②增加学生对执业行为标准的了解；③改进学生的伦理判断力；④增强学生的伦理意志力。这种观点实际上强调的是两个方面，即培养工程师准确和坚定的伦理意识，以及加强工程师对伦理规范的认知，这也是工程师解决工程伦理问题所需要具备的基本素质。但值得注意的是，在具体的工程实践中，由于工程活动的复杂性和不确定性，工程师还需要培养良好的工程决策能力，即要把伦理意识和伦理规范具体落实到解决工程实践面临的伦理问题上。由此，我们可以把工程伦理教育的目标概括为以下三个主要方面。

第一，培养石油工程伦理意识和责任感。广义的意识概念是指大脑对客观世界的反应，狭义的意识概念则是指人们对外界和自身的觉察、认知与关注。工程伦理意识强调的是对工程活动中存在的伦理问题的感知、理解和重视。培养工程伦理意识就是要提高人们对工程伦理问题的敏感性，增强其理解、重视工程实践中各种伦理问题的自觉性和能动性，这是积极面对和有效解决工程伦理问题的重要前提。工程伦理意识并非工程师先天具有，而是通过系统学习和实践逐步培养起来的。缺乏工程伦理意识的工程师往往会在无意识的情况下作出有悖伦理的决定。在伦理问题上陷入困境的工程师多数不是由于他们人品不好，而是由于他们没有意识到自己所面对的问题是一个具有伦理性质的问题，或者虽然意识到伦理问题的存在，但往往认为这是与自己无关的，缺乏自觉面对和解决伦理问题的责任感。因此，培养工程师的工程伦理意识和责任感，就成为工程伦理教育的基础性任务，也是实现工程伦理教育其余目标的重要基础。

第二，掌握石油工程伦理的基本规范。工程伦理规范是指工程师面对伦理问题时应遵循的行为准则，是工程师共同价值观和道德观的具体体现，为工程师如何解决伦理问题提供依据。工程伦理规范并非一成不变，而是随社会的发展不断变化和不断丰富的，在不同时期具有不同的内涵和侧重点。从不同的伦理思想出发，对何为正当性行为的判断标准不同，也会形成不同的伦理规范。但总体上看，工程伦理规范往往体现的是在一定的社会发展阶段，最能够反映社会主流价值观念和伦理思想的行为准则，因此对工程实践行为具有重要的指导意义。比如，从我国十八届五中全会提出的“创新、协调、绿色、开放、共享”的五大发展理念出发，保护环境、保障公众利益就成为重要的行为准则，即在面临价值冲突和价值选择时，应优先考虑保护环境和保障公众利益，这是当前工程师共同需要遵从的首要原则。同时需要指出的是，同一时期、不同国家、不同领域的工程伦理规范又有所差异。一方面这需要在具体实践中为工程师提供更有针对性的行为引导，另一方面工程伦理规范的变化性和差异性也为解决工程伦理问题增添了复杂性。

第三，提高石油工程伦理的决策能力。工程伦理的决策能力是指工程师在面对伦理困境时，仅依靠工程伦理规范很难作出判断，需要具备更为复杂的理性决策能力。上文中提到，工程伦理规范并非统一和一成不变，有时不同的规范之间甚至会相互冲突，加上工程活动本身具有不可预测性，工程师时刻需要面对大量无法用工程伦理规范解决的复杂问题。此时，就需要工程师在正确理解和把握规范的前提下，结合实际情况及时作出合理决策。特别是进入大工程阶段，无论是技术问题还是利益关系都空前复杂，伦理决策能力已经成为处理伦理问题的必要条件之一。

3. 本书的编写思路

相对于西方发达国家，我国工程伦理教育起步较晚。20 世纪 90 年代，工程伦理教育开始引起国内相关学者的注意。董小燕等介绍了美国、德国和日本等国的工程伦理教育情况，之后曹南燕等相继发表文章探讨工程伦理教育的意义，并呼吁在国内开展工程伦理教育。90 年代后期，清华大学、大连理工大学、北京理工大学、西安交通大学等理工科院校开始开设工程法规和案例分析相关课程。进入 21 世纪之后，工程伦理教育更受到工程界、教育界和政府相关部门的高度关注。必须在工程教育中全面推进工程伦理教育，也成为人们的共识。

而石油工程伦理教育的基础则更加薄弱。在此背景下，编写石油工程伦理教育的指导书已成为一项必要的基础性工作。

基于以上关于工程伦理教育意义和目标的思考，同时充分借鉴国内外相关教材的经验，本书的编写试图体现以下几个原则：①立足石油工程特点，以全面树立与强化石油工程活动的伦理意识为基本目标；②充分体现石油工程伦理问题的特殊性，强化石油工程伦理规范的针对性；③在坚持职业伦理的规范性、原则性的基础上，注意石油工程伦理实践在具体情景中的复杂性，提升石油工程伦理决策能力；④重视石油工程伦理基本原则与不同文化本土特点的结合；⑤以案例教学为特点，同时体现石油工程伦理基本理论框架论述的系统性。

根据以上编写原则，本书的整体结构分为“工程的基本概念”“工程伦理的基本概念”“工程实践中的伦理问题”“工程师的职业伦理”和“石油工程伦理问题”五章。各章以引导案例为切入点，同时在各章结束时提供参考案例和需要讨论的问题以供读者进一步思考。

参与本书编写、资料搜集工作的有刘东东、方百会、王伟、陶奕辰、王松杰、付强。

本书在编写过程中，参考了许多前人已出版的著作，部分内容从各网站选取，均为本书的编写提供了不菲的帮助，在此一并表示衷心感谢！但部分内容因为各种原因，难以查明原作者，无法注明出处，敬请谅解。如涉及版权问题，请原作者与本书作者联系。

受编者水平所限，书中难免出现疏漏之处，敬请广大读者批评指正。

目　录

1 工程的基本概念

1.1 工程的概念

1.1.1 工程简史

“工程概念”这一词汇最早出现于 18 世纪的欧洲，意为应用科学知识使自然资源最佳地为人类服务的一种专门技术。

engine 意为发动机、机器、武器；engineer 意为工程师、机械工、（陆军）工兵；

engineering 意为工程学、工程(技术)、土木工程(的成果)。

engineering 一词起源于拉丁文 ingenium，意指古罗马军团使用的撞城锤。中世纪称操纵这种武器的人为 ingeniators，后来这个词逐渐演变为 engineer，意指建筑城堡和制造武器的人。在中国古代和西方古代，“工程”这个词及其表现的内容都与军事有关，例如郑国渠、长城等(风险与安全意识)。

《元史·韩性传》中有“所著有读书工程，国子监以颁示都邑校官，为学者式”此“工程”类似今天的“希望工程”“菜篮子工程”“五个一工程”，在“工程”复杂的社会性活动之义的基础上引申，而不是“工程”的本义。

近代社会进入了近代工程时代，其社会的基本物质面貌就是由近代工程塑造出来的。近代工程时代形成了传统的工程领域，如建筑工程、水利工程、交通工程、电力工程、矿山工程、冶金工程、机械工程、通信工程、能源工程等。这些起源于欧洲文艺复兴以及随后科学技术突破性进展的近代工程，为近代工业革命和生产方式的变革提供了物质基础，并由此促进了社会经济的繁荣和人类文明的进步。

欧洲历史上第一所授予工程学位的学校是成立于 1794 年法国巴黎的综合工艺学校。18 世纪下半叶，英国出现了最早的公共民用工程，如运河、道路、灯塔、城市上下水系统等土木工程。

现代工程创造了诸如曼哈顿工程、航天和登月工程、生物工程等现代工程文明。工程活动塑造了现代文明，改变了现代社会的面貌，深刻地影响着人类社会生活的各个方面，它是社会存在和发展的物质基础。我国设计、实施和完成了许多大型和特大型工程，如三峡工程、神舟飞船、南水北调、西气东输、青藏铁路等，全方位地影响了我国的政治经济、社会和自然环境，它们的存在表明今天的中国已经成为工程大国。在我国《辞海》(1989 年版)中对“工程”的解释是：“将自然科学的原理应用到工农业生产部门中去而形成的各学科的总称”如土木建筑工程、水利工程、冶金工程、机电工程、化学工程、海洋工程、生物工程等。这些学科是应用数学、物理学、化学、生物学等基础科学的原理，结合在科学实验及生产实践中所积累的技术经验而发展起来的，其主要内容有：对于工程基地的勘探、设计、施工，原材料的选择研究，设备和产品的设计制造，工艺和施工方法的研究等。我国科学技术哲学领域的学者把工程定义为“把数学和科学技术知识应用于规划、研制、加工、试验和创制人工系统的活动和结果，有时又指关于这种活动的专门学科”。在考察工程概念的历史演变时，我国著名科学家钱学森指出：英语中“engineering”这个词 18 世纪在欧洲出现的时候，本来专指作战兵器的制造和执行服务于军事目的的工作，从后一含义引申出一种更普遍的看法，即把服务于特定目的的各项工作的总体称为工程，如水利工程、机械工程、土木工程、电力工程、电子工程、冶金工程、化学工程等。在工程管理领域，工程常常指具体的基本建设项目，如南京长江大桥工程、京九铁路工程、三峡工程等，即“所谓工程，是指建设、生产、制造部门用比较庞大而复杂的装备技术、原材料来进行的工作”。或者，“工程就是系统地综合应用物质的和自然界的资源来创造、研究、制造，并支持能经济地为人类提供某种用途的产品或工艺。其基本内容是通过利用技术专业知识、通过在运用改造自然的方法方面的个人技能和通过具有正确工作态度的人员，从科学知识整体中创造有用的东西”。

1.1.2 工程的定义

工程是指通过运用科学方法、技术手段和改造自然的实践经验，对已有的物质材料进行开发、加工、生产和集成，使之变成对社会发展有益处的物品这一实践活动的总称。工程，是一种造物活动，有的工程是为了破坏或销毁某一存在物，例如爆破，但那是造物的一个环节(造物意识)。

工程是服务于某个特定目的的各种技术工作的总和。工程活动在于满足人的需求，工程是为人而造的，同时又是由人来造的。人的需求是牵引工程活动的动力，而人的需求总是随人的认识能力、技术的进步和欲望的增长而不断升级(人本意识）。

工程是以一系列科学知识为依托，应用这些科学知识，并结合经验的判断，经济地利用自然资源为人类服务的一种专门技术（技术集成优化意识）。

工程是人类将基础科学知识和研究成果应用于自然资源的开发、利用，创造出具有使用价值的人工产品或技术服务的有组织的活动。工程是改变自然的物质状态的造物活动（环境意识）。工程是“为了社会或人的福利在利用自然资源中运用科学”，因此它兼有科学和经济行为的某些特点。一方面，它具有科学的创造性、智力性，是运用科学知识，发现和利用技术原理进行发明、创造、设计、试验；另一方面，它又具有经济性、财产性、竞争性、时效性，一般属于企业的行为，要设计工艺方案、制造出物质产品，最终满足社会的物质需要。但是，工程又有与科学、经济行为不同的地方。工程不同于科学之处在于，它是发明、创造原本不存在的东西，其结果是物质性的东西，是为了实现预定目标而对科学知识加以有判断的应用；不同于经济行为（例如生产）的周期循环、具有一定例行性（routine）、常规性，工程充满创新性、不确定性，而且一般是独一无二的，具有独特性。因此，工程既对现实物质世界、也对人类社会具有直接的影响。对于工程的要求是服务性和适意性，即高效率地实现外界预定的目标要求，其伦理规范涉及效率、安全、忠诚、诚实、责任等。

在日常用语中，工程又是一个十分常用的词汇，可以与许多词汇相连，组成众多词语，如“土建工程”“电气工程”“基因工程”等，不一而足。为了更准确地把握工程概念的含义，可把工程与和它相近的一些概念进行对比。

科学是发现和揭示客观世界原本存在着的客观规律，它以追求真理、提出理论为目标，是一个认识过程，其结果是取得对客观世界的正确认识。在科学认识过程中，实验是作为探索手段和检验手段运用的。科学的内在要求是实事求是，求真务实，其伦理规范有美国著名科学社会学家默顿提出的几种精神气质，即普遍性（universalism，科学知识不存在特殊权益的根源）、公有性（communalism，科学是公共的知识，所有人都可以利用）、无私利性（disinterestedness，为科学而科学）、独创性（originality，科学是对未知的发现）和有组织的怀疑（organizedskepticism，科学家们对已有的科学理论总是有根据持怀疑批判态度）等。

如德国柏林工业大学波塞尔（H. Poser）教授所说，工程与技术、工程科学与技术科学、技术哲学与工程哲学，相互之间没有必要区分，也很难区别开来。尤其在现代技术日益科学化的形势下，工程与技术更是难以区分。然而，关于工程与技术之间的关系，可以指出以下几点。

(1)技术作为改造自然的方法和手段，是工程的重要组成部分。工程往往需要各方面、各领域的技术的综合运用，所以有“工程的技术方面”之说。当然，工程不限于技术一个方面，它还有经济方面(成本、效益的考虑)、社会方面(合法性、合道德性)、生态环境方面(污染状况如何、对资源的消耗如何)等。与技术相比，工程的社会性、组织性更加突出，与社会环境的关系更为密切。

(2)从学科结构上看，技术科学的抽象层次较工程科学高，工程科学作为知识体系，要比技术科学更加具体。自然科学、技术科学和工程科学三者共同构成了整个科学技术知识体系。

(3)工程项目是一个相对独立完整的活动单元，其目的比较明确，在时间、空间上分布不均匀，规模一般比较大，需要周密的分工合作和严格的管理组织，牵涉到组织、管理、体制、文化等社会因素。

可见，工程与伦理的关系要比技术(以及科学)与伦理的关系更为密切。所以，笔者认为，对于考察科学技术与伦理道德的问题来说，工程伦理学是比技术(及科学)伦理学更好的视角。

1.1.3 工程的主要职能

工程是科技改变人类生活、影响人类生存环境、决定人类前途命运的具体而重大的经济生产活动和技术创新活动，人类通过工程活动改变物质世界。换句话说，工程是科学技术转化为生产力的实施阶段，是社会组织的物质文明的创造活动。科技的特征和专业的特征是工程的本质基础。工程“服务于某个特定目的”意味着它的社会应用性，这一特性就决定了工程与社会政治、军事、经济、医疗、文化、教育等的密切联系，也决定了工程受社会价值目标的引导。早期英国城市公共工程涉及面宽，社会影响大。为修建穿越多个城市的运河，土木工程师要到英国议会作论证，因为它涉及太多的社会事务。社会应用性的特点决定工程的目标必须以公共利益为出发点，必须遵守社会文化价值，必须受社会道德约束。

工程活动能够最快、最集中地将科学技术成果运用于社会生产，“各项技术工作的总和”意味着工程活动中技术运用的综合性。尤其是现代工程早已超出了单一学科技术的范围，多学科合作成为工程的基本要求例如航天工程就涉及了许多复杂的现代工程技术门类。这一特性决定工程师必须承担外行无法承担的工程技术责任，必须以自己的努力为专业赢得荣誉，必须具备与不同领域工程师合作的精神。

工程活动历来就有一个复杂的组织体系，规模大、涉及的因素多。尤其是现代社会进行的大型工程都具有多种基础理论学科交叉、复杂技术综合运用、众多社会组织部门和复杂的社会管理系统纵横交织、复杂的从业者个性特征的参与、广泛的社会时代影响等因素综合运作的特点。因此，工程社会学与工程管理学应成为现代专业技术工程师必备的基本知识。工程的社会目标与技术目标是否能实现或者能否高效地实现，与工程组织管理和工程经济经营密切相关。这就决定了一个优秀的工程师不能不关心，也不能不了解一些工程预算与工程成本、计划管理与质量管理的相关知识。

"利用资源为人类服务"意味着工程是利用自然资源并通过对自然环境的改变为社会提供有用性服务的，人与自然的关系在工程活动中体现得最为充分。保护环境，节约资源已经成为近些年来世界范围内社会对工程界强烈的呼声之一。我国 2009 年 1 月 1 日开始实施的《循环经济促进法》，就体现了国家对工程利用资源服务人类的价值指向。

1.1.4 工程的相关分类

(1)指将自然科学的理论应用到具体工农业生产部门中形成的各学科的总称。如水利工程、化学工程、土木建筑工程、遗传工程、系统工程、生物工程、海洋工程、环境微生物工程。

(2)指需使用较多的人力、物力来进行较大而复杂的工作，要一个较长时间周期内来完成。如城市改建工程、京九铁路工程、菜篮子工程。

(3)关于工程的研究称为"工程学"。

(4)关于工程的立项称为"工程项目"。

(5)一个全面的、大型的、复杂的、包含各子项目的工程称为"系统工程"。

1.1.5 理解工程活动的几个维度

与科学、技术或文化相类似，工程活动也是非常复杂的社会现象。试图从单一视角理解工程不仅比较困难，而且非常局限。因此，我们需要从以下多个维度认识工程现象。

1. 哲学的维度

从哲学的维度理解工程，主要涉及到工程的本质、工程的价值、工程师及相关人员的责任等问题的反思。可以说，什么是工程，工程的意义和价值何在。就是工程的两个基本哲学问题。这种哲学的思考，首先是反思自身的责任。工程的价值何在，什么是好的设计和好的工程，工程师如何更好地履行自己的使命，这些的确都是需要工程师以及其他工程活动的参与者共同思考的重要问题。其次是要回应对工程活动的质疑和批判。20世纪中期以来，关于技术和工程的批判不绝于耳，批评者认为，工程师们把丑陋的建筑和毫无用途的消费品倾注到人类社会，同时导致生态失衡等诸多问题，女权主义的批评者甚至把工程与父权统治、性别歧视联系起来。应对这些批评，说明工程活动的合理性，需要工程师们从哲学上思考工程的本质和意义。特别是以哲学的视角来看待工程活动及其引发的诸多伦理困境时，也涉及对"好的生活"的价值指向和相应的行为规范的反思。

2. 技术的维度

工程活动越来越依赖于技术的进步。许多引领设计与建造潮流的工程，最终的实现往往得益于应用了先进的材料与技术。在工程实践的过程中，为了使人造物体现新的设计理念，具备优良的品质，展现独特的风格，成为城市或地区的标志，工程设计师和建造者往往努力寻求最佳的技术路径，探索利用新的材料和技术来实现创造性的奇思妙想。比如工程历时14年之久的悉尼歌剧院，被作为当代艺术与现代科技结合的产物，它的完成不仅体现了建筑应与周围环境有机融合的"有机建筑"理念，而且也代表了当时建筑技术和建筑材料的最高水平。值得注意的是，工程并不只是简单地应用技术，而是要创造性地把各种先进的技术"集成"起来共同实现新的人工建造物，而且在这个过程中，也可能发明新的技术，发现技术的新用法，或者实现技术上的重大突破。可以说，工程实践不但为技术提供了用武之地，而且本身也是孕育新技术的温床。

3. 经济的维度

"经济"是理解工程活动常见的视角之一，事实上，具有重要的经济价值往往是表征工程意义的重要指标。经济视角的考量主要包括工程的经济价值和工程的经济性两个方面。一方面，很多工程能够立项并得以实施，主要是会带来显著的经济效益。深入分析"怒江水电开发的争议"案例可知，赞同和支持该项目上马者的一个主要依据，就是认为该工程能够极大地改善当地的经济状况。怒江水利资源的开发每年可创造价值342.3亿元，可增创国民生产总值5158亿元，这将带来巨大的经济利益，并在较大程度上改变当地的贫困状况。尽管工程的实施还必须充分考虑社会、生态等多方面因素，但经济利益无疑是激发人们开展工程活动的重要动力。另一方面，对耗资巨大、影响广泛、管理复杂的工程实践来讲，如何以尽可能小的投入获得尽可能大的收益是需要仔细核算的问题。经济性既涉及微观层次的工程成本最小化问题，也涉及宏观层次的工程价值最大化问题。微观层次的问题主要集中于工程本身的经济成本效益分析，宏观层次的考虑则把工程纳入到更大的市场、社会等框架内进行考量。近30年来，工程经济学中的微观部门效果分析逐渐同宏观的社会效益研究、环境效益分析更紧密地结合在一起，国家社会发展、环境保护政策等宏观问题也成为当代工程经济学研究的新内容。

4. 管理的维度

由于工程往往需要众多的行动者集体参与，而且需要较长的实施周期，因此，如何根据工程的需要最有效地把众多的行动者、可利用的资金和自然资源等组织起来，使工程的不同环节、相继的时间节点实现高效协同，就成为工程实践中必须面对的重要问题。管理的维度就是要从实践上解决上述问题，从理论上探讨和总结管理的经验与规律，从方法上探索最佳的管理模式与工具。在长期实践的基础上，工程管理已经成为管理科学的重要组成部分，同时一些富有成效的管理模式和方法也与工程实践密切相关，比如系统工程的方法就是基于著名的曼哈顿工程的实践而被总结和提炼出来的。

5. 社会的维度

社会的维度在工程实践和研究中正在受到越来越多的关注。如前所述，工程实践具有广泛的社会性。一方面，工程需要众多行动者的集体参与，包括工程的投资者、管理者，进行工程技术设计和实施的工程师，参与工程具体建设的专业公司和技术工人，以及受到工程影响的社会公众等，在具体的工程项目中这些行动者形成了为实现特定工程目标而紧密关联在一起的工程共同体。是否能够为工程的顺利实施相互协作，取决于如何处理这个网络中不同的社会关系。另一方面，从事工程实践的工程师构成了特殊的社会群体——工程师共同体，并以不同类型专业协会的形式存在，在这个共同体中，工程师们拥有相近的目标追求，探索并遵循共同的职业准则和行为规范。此外，工程过程也关系到不同的利益群体，有些利益相关者直接介入到工程过程之中，有些虽未直接参与工程活动，但却是工程实施或完成之后产生的实际后效的承担者，例如怒江水电开发项目中的移民。如何处理这些利益关系，也是社会维度必须考虑的重要问题。

6. 生态的维度

生态的维度是近年来受到高度重视的重要视角。原因在于工程实践直接对自然环境和生态平衡带来不可还原、不可逆转的重要影响。从历史上看，这种影响始终存在，不论是古代文明因土地沙化、水土流失而湮灭的历史教训，还是近代工业化过程中出现的举世震惊的生态环境公害，都说明了工程实践可能对生态环境带来的严重影响。怒江水电开发的争论中就反映出公众对水电工程破坏环境的担忧。特别是近年来，工业化迅速推进过程中气候变化、环境和生态破坏成为全球性的社会问题，同时由于科学和技术的发展，当代工程活动改造和控制自然的强度、规模越来越大，对生态和环境问题的影响越来越广泛和深远，更使得生态和环境维度的考虑越来越重要。

7. 伦理的维度

人们一般把伦理的问题归结为哲学问题，把伦理的维度纳入哲学的维度，但实际上，伦理的维度所涉及的问题远远超出了哲学的范围。伦理的维度探讨的是人们如何“正当地行事”，从这些视角理解工程，可以发现几乎以上所谈及的各种维度都不可避免地和伦理的思考形成交集。如何“正当地行事”不仅是理论问题也，是实践问题，不仅需要从过去的历史中学习，也需要面对新的现实问题，发现新的更好的行事策略与方法。而且值得注意的是，在具体的工程实践中，伦理问题都表现出一定的特殊性，与具体的工程情境密切相关。

1.2 大工程观

1.2.1 大工程观的理论背景

直到20世纪80年代以后，有人提出了“大工程”的观念，把工程作为一项具有社会性、综合性和整体性的生产活动来加以思考。

大工程观要求把工程实践看作一个受多种因素制约的复杂的运作体系。工程活动是以一种既包括科学技术要素，又包括非技术要素的系统集成为基础的物质性实践活动。它不仅涉及科学技术在决策、设计、构建、生产管理过程中的有效应用，还包含着组织管理、社会协调、经济核算等基本要素，并将产生直接而广泛的社会影响。因此，工程活动必须协调社会、政治、法律、文化、伦理、自然环境、资源等多种因素才能付诸实施。

例如：一座桥梁是铁路或公路的一个组成部分，而一条铁路或公路又是一个交通网络中的一条经脉，这个交通网络又是一个区域经济、文化、管理布局中的物质流和人流的命脉，而一个区域的社会、经济发展又是更大地域社会发展战略的一部分。可见，这座桥与自然、地理、人文环境、社会经济环境密不可分，是经济、社会、文化的组成部分。因此，任何工程活动都会受到外部边界条件的影响和制约。复杂的工程系统对于在工程活动中处于支配地位的人，必然提出很高的要求。为了保证工程活动的质量，自然要求提高建设者的素质，要求其不但要懂得技术、经济、社会人文和管理知识，而且还应学习哲学，研究工程价值观，树立正确的工程理念。

工程活动是一项社会活动，工程就是一个复杂利益的系统，一项工程可能不仅能够带来经济的利益，也会产生政治、军事、社会的利益。但工程也可能损害到局部利益，如部分人群的利益。工程活动的目的是为了人类的福祉，科学发展观的核心是以人为本，工程决策、设计、施工、运行必须考虑民众的要求。三峡工程建设由于照顾了各方面的利益，所以得到了包括库区居民在内的广大群众的支持和配合。相反，西南某水利工程因为移民安置工作做得不好，引发了群众强烈不满。所以，工程活动还关系到社会公正、和谐安定，工程利益目标和实现方式都体现着一定的社会伦理价值。

在工程活动中如何改善工人的劳动条件是社会普遍关心的问题。青藏铁路建设中，为了解决高原缺氧问题采取了有效措施，保护了职工健康。然而，有些工程却没有给工人以应有的安全劳动条件，导致伤亡事故频发，成为舆论关注的焦点，某些煤矿就是典型的例子。

工程往往是文化的载体，它不仅承载了一定时代的科学思想、技术手段和工程实施的组织管理与物质表现力，还承载了一定时代的审美趣味、艺术思想甚至意识形态。工程还是凝固的雕塑，如都江堰水利工程、北京故官、科隆教堂、埃及金字塔、帕堤侬神庙等。

下面举一个在我们身边，让我们引以为傲的例子。2009 年 3 月，西南交通大学建筑工程学院王蔚教授设计的作品与享有极高声誉的国家大剧院和奥运会场馆水立方一起获得第五届中国建筑学会建筑创作奖。王蔚教授的获奖作品是成都草堂小学翠微校区，这项造价仅 2000 万元，由四栋建筑物通过走廊连为一体的小学校舍，正对大门的墙体上镶着 10 多个彩色的椭圆。王蔚教授介绍说："这些彩色的椭圆图案，代表着水滴。阳光下'水滴'呈现出不同的面代表了学生的不同性格。"校舍以"阳光下的水滴"为设计构思，充分表达了尊重个性发展，尊重少年儿童人格特征的理念。

现代社会实施的大型工程都具有多种基础理论学科交叉、复杂技术综合运用、众多社会组织部门和复杂的社会管理系统纵横交织、复杂的从业者不性特征的参与、广泛的社会时代影响等因素综合运作的特点。工程是改变人类生活、影响人类生存环境、决定人类前途命运的具体而重大的社会经济、科技活动，人类通过工程活动改变物质世界。工程活动能够最快、最集中地将科学技术成果运用于社会生产，并对人类社会产生巨大而广泛的影响。一项工程是否具有可行性及其最终的成败不单取决于技术因素，还取决于多种非技术因素。

所有这些背景性因素都应当进入工程师的视野，并得到综合考虑。美国学者波多格纳说：“工程师在组织化社会中的基本作用是一种整合作用，工程师的作用是构建整体。”现代工程活动使工程师扮演了一个更重要的角色，工程技术的复杂性和广泛的社会联系性，必然要求工程技术人员不仅制通技术业务，能够创造性地解决有关专业的技术难题，还要求其善于合作和协调，处理好与工程活动相关联的各种社会关系。最重要的是，工程活动对社会、环境的影响越来越大，这就要求工程技术人员打破技术眼光的局限，对工程活动的全面社会意义和长远社会影响有自觉的认识，承担起应有的社会责任。现代大工程意识下，要求工程师除具备技术能力外，还必须具备在利益冲突、道义与功利发生矛盾时作出道德选择的能力；除对工程进行经济价值和技术价值判断外，还必须对工程进行道德价值判断；除具备专业技术素养外，还应具备道德素养；除对雇主负责外，必须对社会公众、环境以及人类的未来负责。

1.2.2 大工程观的基础理论

大工程观是从实践的视角，将大型复杂工程系统存在的传统与非传统属性上升为学术研究领域，演变为改革现代工程教育的理论体系，经历各学科、各部门人员的不断努力、丰富与完善，而逐渐形成工程系统学理论体系，其外延与内涵进一步扩大。大工程观不是指工程规模本身的大，而是指为大型复杂工程提供理论支撑的科学基础知识系统范围的大，涉及各方面学科的交叉与融合，远远突破工程科学知识本身的范围。大工程观就是以整合、系统、应变、再循环的视角看待大规模复杂系统的思想，包含以下三个层面的内容。

1. 整体论的思想

整体论是大工程观的典型特征，要求在描述和分析工程系统时，关注工程系统整体的架构，要抽象地将其作为一个整体来思考，而不仅仅是相对独立的各分支部门，要求用联系的观点看待问题；不仅要把工程系统看作一个整体，而且还要将其放到更大范围内的政治、经济、文化等社会背景中去，把它们共同看作一个整体。

整体论思想体现在工程系统方面的思考模式就是整合、集成、综合，关注支撑大型复杂系统工程的各学科之间理论的系统性与关联性，工程学科之间的整合与综合，工程系统与工程背景的整合。

整体论思想体现在工程实践系统层面，就是工程系统中的工作人员，不仅仅是运用工程科学、技术、工程方法、企业管理标准、社会因素中的某一学科方面的知识开展专业化的工程活动，而是必须综合这些学科知识运作工程系统，关注来自不同学科的工程师与其他专业人员团队协作，关注工程过程，关注技术手段的选用，关注多元价值观对工程师的求解问题方法与途径的制约。整体论的思想反映在工程教育系统层面，一是建立多学科整合系统；二是实行通识教育，培养的工程师要具备技术知识、沟通技能和金融知识、对社会问题的感知能力，以及基于伦理道德的是非判断能力，是宽厚理论体系与实践能力兼备的通才。

具体的工程教学改革措施：重新审订工程教育培养目标与课程计划，将比较深入和多样化的人文社科内容整合到工程教育计划中；设立多学科小组，围绕未来工程实践、技术、社会专业大背景研究工程教育教什么、学什么，由其重组完整的课程设置和教学，建立交叉学科；不断开发和实验有效的教学方法；改善教师和组织结构，工程领域和其他学科的教师的作为一个整体更深入地密切合作，共建跨学科项目团队；设计和实验同等重要，通过工程设计整合理论教学与实践教学；开发学生的人际交往技能以及灵活运用多元文化思考的能力；优化教师队伍，与企业合作，为教师创造更多的机会以提高他们的工业素养和工程设计方法论知识。

整体论的思想反映在工程教育运行机制层面，就是要建立一个横跨各系科之间的工程系统部门(ESD，engineering systems division)。

2. 应变的思想与方法

理念是行为的先导，大型复杂系统工程遵循理念—设计—工程实体这一模式，大型工程系统的设计与管理，与其说是在做物质化的工程，还不如说是在做一种思考的理念与模式(engineer-ingsystem mode of thought)，是将思想借助于物质技术手段，外现具体化为一个物质实体的过程。新创造的工程实体一旦生成，就成为物化的生命(life)系统，可能随时间的变化而发生改变，为了应对工程系统运行过程中可能发生的各种问题，应变的思考模式或者说思考大型工程系统的方式充斥整个工程系统。应变策略设计是找出系统中相对稳定的那些因素，如系统的宏观架构一般相对稳定，那么这些宏观架构就作为系统的主体属性，这些宏观架构恰恰反映在工程教育的课程设置上，作为课程教学的主体内容。

应变的思想与方法反映在工程教育层面，就是工程教育终身化，必须培养学生终身学习能力；精简学科教学内容，加强对基本概念与原理的掌握，不需要对整个知识领域的覆盖，给学生以充分的时间思考和参与社会活动；教学中帮助学生学习如何运用基本原则，发挥主动精神，用自己的自信心和判断力来对付新问题；重新设计多样化的工程教育系统，满足不同人员终身学习的需求。

3. 再循环(recycle)的思想与方法

在大工程观中，再循环的视角非常普遍。大型复杂系统工程成本高，功能复杂，一旦生成，功能相对稳定，而社会总是不断变化的。大工程观中，设计工程系统时就必须重点关注其循环使用周期与长远发展问题，关注工程系统的灵活性，可以更容易地给系统增加新的功能，或者改变现有的功能，使其重新适应变化的需要。

值得注意的是莫尔提出的大工程观，只是强调要远离纯粹(pure)的工程科学导向，扭转工程科学极端化的趋势，而不是要否定或者削弱工程科学研究。事实上，莫尔同样重视工程科学在工程教育中的支撑作用，承认工程科学研究的优势。它能够解决具有精确或者接近精确答案的问题，而且工程科学在许多领域是非常成功的。正是工程科学和技术的不断发展给原来的工程教育课程不断补充新鲜血液。而且工程教育中通过强化科学知识的一致性，很方便地将新的科学发展融入工程实践。不过，大工程观要求的工程科学研究要求学科之间创造性综合，与传统科学研究的分门别类、越分越精细有所不同。

1.2.3 大工程观的作用

大工程观作为一种新的工程伦理研究方式，对工程伦理的发展起到了一定的积极作用，无论是在工程伦理教育方面还是工程伦理实践方面，它都起到了很好的指导作用。

1. 大工程观在工程伦理教育方面的评价作用

在美国，大工程观最开始就是应用在高校对工程专业学生的教育上，1996年美国工程与技术认证委员会(ABET)对21世纪新的工程人才提出了11条评估标准。

(1)有应用数学、科学与工程等知识的能力。

(2)有进行设计、实验分析与数据处理的能力。

(3)有根据需要去设计一个部件、一个系统或一个过程的能力。

(4)有多种训练的综合能力。

(5)有验证、指导及解决工程问题的能力。

(6)对职业道德及社会责任的了解。

(7)有效地表达与交流的能力。

(8)懂得工程问题对全球环境和社会的影响。

(9)学会终生学习的能力。

(10)具有有关当今时代问题的知识。

(11)有应用各种技术和现代工程工具去解决实际问题的能力。

我们可以看出，跟一些狭隘的评价标准不同，在这份标准里，对工程师的职业伦理、专业技能、协调能力等多个方面都会进行考察评估。

综上可知，树立大工程观实质上表现了对工程人才素质全面培养、多维度评价的重视。此外，这与目前社会青睐的通才相契合，现在的社会，越来越喜欢多方位发展的学生，由此，也引起了高校教育的改革，多种多样的选修课就是其中的体现。当然仅仅通过选修课还是不够的，学校应该通过多种方式引起学生对自身学科相关知识的兴趣，使他们自觉地投入学习中。大工程观还有利于学校对工程专业学生培养的改革，使学校高效率地培养出社会需要的人才。

2. 大工程观在工程伦理实践方面的协调及整合作用

在工程伦理实践方面，大工程观也发挥着难企及的协调和整合作用。从大工程观的视角来看，工程是一项集社会性、综合性于一身的生产活动，工程实践活动在运行时是很复杂的体系，受到多方面因素的限制，因此在研巧和分析它时，要把各种因素当作整体来看待。因此在工程的设计和实施阶段，社会、环境、技术、个体等方面因素均被考虑在内。这就能很好地避免孤立片面性，进而在工程实施中更高效地发挥作用。

另外，价值、操作和审美的综合统一作为大工程观的性质是靠责任意识来引导的。这里的责任意识也就是我们所说的灵魂，所谓的价值、操作、审美的综合其实就是政治、经济、文化在大工程观中的分别体现，大工程观的系统性也就是上述三个方面统一。具体在工程实践当中，该理论可以很好地处理工程共同体中各主体的责任分配、价值分配、风险担当等问题。由于它是以社会、经济、文化三个方面的综合为基础，因而其可操作性、可行性、接受度较其他相关理论更强。

1.3 本章小结

工程这一概念自 18 世纪提出以来，于 18 世纪下半叶，在英国出现了最早的公共民用工程，工程是指通过运用科学方法、技术手段和改造自然的实践经验，对已有的物质材料进行开发、加工、生产和集成，使之变成对社会发展有益处的物品这一实践活动的总称。

工程活动塑造了现代文明，改变了现代社会的面貌，深刻地影响着人类社会生活的各个方面，是科技改变人类生活、影响人类生存环境、决定人类前途命运的具体而重大的经济生产活动和技术创新活动。

20世纪80年代以后，有人提出了“大工程”的观念，把工程作为一项具有社会性、综合性和整体性的生产活动来加以思考。大工程观是从实践的视角，将大型复杂工程系统存在的传统与非传统属性上升为学术研究领域，演变为改革现代工程教育的理论体系，经历各学科各部门人员的不断努力、丰富与完善，而逐渐形成工程系统学理论体系，其外延与内涵进一步扩大。大工程观要求把工程实践看作一个受多种因素制约的复杂的运作体系，涉及科学技术在决策、设计、构建、生产管理过程中的有效应用，还包含着组织管理、社会协调、经济核算等基本要素，并将产生直接而广泛的社会影响。

思考与讨论

1. 什么是好的设计或好的工程？评判的标准是什么？
2. 工程师如何履行好自己的职责？
3. 工程对工程师的技能有何要求？

参考文献

[1] 谢笑珍.“大工程观”的涵义、本质特征探析[J]. 高等工程教育研究，2008，(3).
[2] 崔海亭，郭彦书，王振辉. 热能与动力工程专业课程建设探索与研究[C]. 中国制冷学会，江苏省制冷学会，东南大学，2006：221-224.
[3] 王常柱，李润珍，武杰. 工程与工程主体性[J]. 工程研究—跨学科视野中的工程，2011，(1).
[4] 袁凤. 建筑活动主体的伦理责任研究[D]. 西南大学，2013.

2 工程伦理的基本概念

引导案例：怒江水电开发的争议(据李正风等，2016)

怒江是我国西南的一条国际河流，其中下游径流丰沛而稳定、落差大、交通方便、开发条件好，是水能资源丰富、开发条件较为优越的河段。1999 年，国家发展与改革委员会根据当时我国能源的实际情况，决定采用科学合理的方式对怒江进行开发。但从 2003 年国家发展与改革委员会对怒江水电开发进行可行性论证之初，怒江水电开发的争议愈演愈烈，前后持续十余年，成为环保与发展争议的标志性事件，也因此成为中国乃至世界范围内水利开发受阻于环保因素的一个罕见案例。

怒江地区资源十分富集，但却是全国最贫困的地区之一。怒江水电开发被视为该地区脱贫致富求发展的重要途径。按照云南省有关部门提出的规划，怒江中下游干流共开发 13 个梯级电站，总投资 896.5 亿元，由此增加 40 多万个长期就业岗位，同时极大促进地方建材、交通等二、三产业的快速发展，促进财政增收。不但使电力成为当地核心的支柱产业，而且由此带来的社会经济效益将远远超过电力行业本身。

但怒江水电开发引发了多方面的争议。反对者的主要理由包括以下几个方面：①水电站的建设可能影响怒江的旅游业；②将破坏自然河流的水文、地貌及河流生态的完整性和真实性，也将降低其作为世界自然遗产的地质、地貌、生物多样性、珍稀濒危物种以及自然美学价值；③怒江地区多民族聚居的独特地方民族文化将受到破坏；④从保护国家生态安全的角度出发，应该将其作为一条生态河流保存下来；⑤移民问题不易解决。

针对反对的声音，当地政府官员认为：“脱贫致富是怒江人民共同的愿望，我们已经具备了建设家乡的基本能力，我们享有建设新农村的权利。”有的地方官员这样表达他们的不解：“问题是被一些所谓的环保人士和新闻媒体复杂化了，他们的行为甚至引起了中央领导人的注意。我就想不通，以前我们怒江人过了这么多年的穷苦日子他们并不关心，现在我们想通过开发怒江过点好日子他们却特别关注，一致反对了，似乎我们怒江人就不该向往过好日子。"一些专家也认为，怒江现在的问题，不仅仅是保护和恢复生态的问题，还有拯救生态的问题。科学合理地开发怒江水能资源，对治理怒江流域的生态恶化具有重要的意义，资源开发与环境保护可以实现双赢。

据悉，怒江水电开发在"十三五"期间将重新启动，但争议仍然会继续。过去的争议对今后的水电开发也有不可估量的重要影响。

值得我们思考的是：①一个规划中的水电开发工程何以引发如此广泛的争论？这反映了工程实践的什么特点？②这个争论反映了哪些伦理问题？如何理解水利开发工程中出现的这些伦理问题？③重大工程的实施应该如何处理经济社会发展和环境保护之间的关系？

从人类的发展看，工程实践活动有悠久的历史。可以说，人类社会的发展始终伴随着不同类型的工程行为。埃及金字塔、中国万里长城等闻名遐迩的伟大建筑，既是人类文明的重要遗产，也是古代浩大工程的典范；公元前256年李冰父子修建的都江堰水利工程至今依然福泽川蜀。但值得注意的是，人类文明的发展，人类大规模改造自然的工程行为不可避免地要涉及人与自然、人与社会、人与人的关系问题，多重价值追求、不同的利益诉求也会导致工程行为选择上的困境和冲突，并引发对工程行为意义与正当性的反思。因此，人类的工程实践不仅是一种改造自然的技术活动，也是一种关涉人、自然与社会的伦理活动。这成为"工程伦理"作为一门学科建立和发展的现实背景。

工程伦理研究最早可追溯至西方20世纪60年代，作为一门哲学、伦理学与工程学、社会学交叉的新兴的学科门类。在规范性意义上，"工程伦理"指工程中得到论证的道德价值，明确何为嵌入工程活动中的"德行(virtues)"和"卓越(excellences)"。在描述性意义上，工程伦理关注的是工程实践中出现的特定伦理问题和伦理困境、通过践行并不断完善伦理规范和规则来实现"有限的伦理目标"，为应对工程中出现的具体伦理问题提供指导。

本章将重点探讨工程伦理的概念、本质与内涵，分析主要的工程伦理问题以及特点，介绍国内外工程伦理的研究现状。

2.1 工程伦理的本质与内涵

2.1.1 工程伦理概念界定

探讨工程伦理问题，分析人类在工程实践中面对的伦理困境，首要的是明确

“工程”的概念。然而，在现代社会，技术是人类工程活动的基础，对技术的选择和应用很大程度上决定了工程的进步及发展方向。因此，工程与技术密切相关。

1. 技术与工程

技术和工程都源自人的劳动。在西方语言中：technology(技术)一词出自希腊语中 techne(工艺、技能)与 logos(词、讲话)的组合，含义是对造型艺术和应用技艺进行阐释，17 世纪，该词在英国首次出现，泛指各种应用技艺。在我国《辞海》(1979 年版)中，“技术”的含义是“人类在利用自然和改造自然的过程中积累起来，并在生产劳动中体现出来的经验和知识，也泛指其他操作方面的技巧”。陈昌曙认为，“技术是指生产过程中的劳动手段(如设备)、工艺流程和加工方法，属于社会的物质财富和创造物质财富的实践领域，是劳动技能、生产经验和科学知识的物化形态”。

从词源上看，engineering(工程)的词根 engine(发动机)和 ingenious(创造能力)源于相同的拉丁语词根 ingenerare(创造)。同时，engineering(工程)与 engineer(工程师)或 ingeniator(拉丁语工程师)密切相关，engineering 一词由 engineer 接 ing 后缀构成，由名词 engineer 到动名词 engineering 的过渡，表明动作承担者与其行为结果的内在关联性。在古代西方，“工程”特指军事工程，古代的房屋、道路、水利、作战器械、土木工事等的各项建造或制作也属工程范围。在中国，“工程”一词最早出现于《新唐书・魏知古传)：“会造金仙、玉真观，随盛夏，工程严促”，此处的“工程”指的是金仙、玉真这两个土木构筑项目的施工进度。近代之后，“工程”被广泛认为是人类利用自然界的资源、应用一切技术的生产、创造、实践活动。

从以上“技术”和“工程”的词源、词义的分析来看，可以发现技术与工程之间既相互区别又彼此联系。

2. 工程伦理中的工程概念界定

技术与工程的内在不同使得工匠、发明家和工程师逐渐分化为既有联系又有差异的社会群体。在这个过程中，也开始形成相对独立的工程概念。

工程的概念最初主要用于指代与军事相关的设计和建造活动，如工程师最初指设计、创造和建造火炮、弹射器、云梯或其他用于战争的工具的人。近代之后，工程的含义越来越广泛。人们往往把有目的地控制和改造自然物、建造人工物，以服务于特定人类需要的行为都称为工程。在 18 世纪，职业化的民用工程师开始出现，他们是道路、桥梁和城市供水系统的设计者。1818 年，英国民用工程师学会成立，是工程师与传统意义的工匠在职业划分上明确分离的重要标志。现代意义上的工程师们开始反思自身工作的特点和意义，并开始了对工程活动本质的追问，以明确工程师的身份特征。

1828年，Thomas Tredgold在给英国民用工程师学会的信中，提出了此后在较长时间内被广泛接受的“工程”定义，即认为工程是驾驭源于自然界的力量以供人类使用并为人类提供便利的艺术。这个定义的特点在于：第一，把工程看作通过控制和变革自然界以驾驭和利用自然界力量的工具与技能；第二，突出工程的最终目的是为人类服务，为人们更好地利用自然界提供便利；第三，强调工程是一种艺术或创造，但并不限于军事方面。这一定义也往往被认为是预设了工程是价值中立的这种思想。

随着工业化进程的推进，人类对于自然力量的控制和利用越来越紧密地与近代以来的科学发现和技术发明联系在一起，因此，工程也往往被视为是对科学和技术的应用。一些现代工程师也把是否具备和灵活应用现代科学技术知识作为工程师素养的重要方面，以进一步区别于传统的工匠与技师，这样，对工程的定义就较多地强调工程作为“科学知识的应用”。如1998年美国工程与技术资格认证委员会就曾经对工程职业作过这样的界定：工程是应用通过研究、经验和实践所得到的数学和自然科学知识，以开发有效利用自然物质和力量为人类利益服务的途径的职业。这种定义突出了工程活动与科学技术日益紧密的联系。但把工程视为科学知识的应用，往往易于忽视工程活动自身的创造性和主动性。20世纪后，工程活动在经济社会发展中扮演起越来越重要的角色。人们开始进一步反思工程的概念。一方面，逐步打破了工程是价值中立的这种观念，开始从社会和伦理维度对工程活动进行探讨。工程与伦理的关系成为重要的理论和实践问题；另一方面，进一步探讨科学、技术与工程之间的关系，逐渐摒弃把工程单纯视为是科学的应用的这种认识。

在现代社会，工程概念的应用更加广泛，也形成了广义的工程概念和狭义的工程概念。广义的工程概念认为，工程是由一群人为达到某种目的，在一个较长时间周期内进行协作活动的过程。这种广义的理解强调众多主体参与的社会性，如“希望工程”等，狭义的工程概念则认为，工程是以满足人类需求的目标为指向，应用各种相关的知识和技术手段，调动多种自然与社会资源，通过一群人的相互协作，将某些现有实体(自然的或人造的)汇聚并建造为具有预期使用价值的人造产品的过程。狭义的工程概念不仅强调多主体参与的社会性，而且主要指针对物质对象的、与生产实践密切联系、运用一定的知识和技术得以实现的人类活动，如“化学工程”“三峡工程”“载人航天工程”等。工程伦理所讨论的“工程”，主要指狭义的工程概念。

3. 工程伦理中的伦理概念界定

英语中“伦理(ethics)”源于希腊语的 ethos，“道德(moral)”则源于拉丁文的 moralis，且古罗马人征服了古希腊之后，古罗马思想家西塞罗是用拉丁文 moralis 作为希脂语 ethos 的对译。由此可见，这两个概念在起源上的确密切相关，都包含传统风俗、行为习惯之义。此后这两个概念的含义发生了一定的变化，道德 moral 一词更多包含了美德、德性和品行的含义。因此，尽管“伦理”一词经常与“道德”这个概念关联使用，甚至有时被同等地加以对待，但人们也注意到两者之间存在的差异。

在中国文化中，“伦理”的“伦”既指“类”或“辈”，又指“条理”或“次序”，常常引申为人与人、人与社会、人与自然之间的关系；“理”即道理、规则。顾名思义，“伦理”就是处理人与人、人与自然的相互关系应遵循的规则。“道德”这个概念则可追溯到中国古代思想家老子的《道德经》“道生之，德畜之，物形之，器成之。是以万物莫不尊道而贵德。道之尊，德之贵，夫莫之命面常自然”。其中，“道”可引申为自然的力量及其生成、变化的规则与轨道，“德”则意味着遵循这种规则对自然的力量善加利用，唯此方可更好地在自然之中生存与发展。

伦理规范既包括具有广泛适用性的一些准则，也包括在特殊的领域或实践活动中被认为应该遵循的行为规范，或者那些仅适用于特定组织内成员的特殊行为的标准。后者往往与特殊领域的性质和行为特点密切相关，是结合所从事的工作的特点，把具有一定普遍性的伦理规范具体化，或者从特殊工作领域实践的要求出发，制定一些比较有针对性的行为规范。我们所讨论的工程伦理，就属于工程领域中的伦理规范。

根据伦理规范得到社会认可和被制度化的程度，我们可以把伦理规范分为两种情况。

一是制度性的伦理规范。在这种情况下，伦理规范往往得到了比较充分的探究和辩护，形成了被严格界定和明确表达了的行为规范，对相关行动者的责任与权利有相对清晰的规定，对这些行动者有严格的约束并得到这些行动者的承诺。如对医生、教师或工程师等职业发布的各种形式的职业准则，大体上即属于这种情况。

二是描述性的伦理规范。在这种情况下，人们只是描述和解释应该如何行为，但并没有使之制度化。描述性的伦理规范往往没有明确规定行为者的责任和权利，因此可能在一些伦理问题上存在不同程度的争议。同时，描述性的伦理规范也比较复杂，其中既可能包括对以往行之有效的约定、习惯的信奉和维护，也可能包括对一些新的有意义的行为方式的提倡。因此，同制度性的伦理规范相比，描述性的伦理规范并不总是落后的或保守的，对其中在实践中形成的有价值的、合适的新的行为方式，在一定条件下经过进一步的探究和社会磋商，有可能成为新的制度性的伦理规范。

2.1.2 工程伦理的本质与内涵

我们可以从广义、狭义和最狭义三个角度来审视工程伦理。广义的工程伦理研究所有与工程有联系的伦理问题。无论是宏观伦理、中观伦理还是微观伦理，其中包含的伦理问题都属于工程伦理学研究的对象。即工程伦理不仅包括与工程活动有关的制度伦理、政府伦理、政策伦理，也包括与工程活动相关的企业伦理、协会伦理、区域伦理等，还包括工程师伦理。从这个角度而言，工程伦理不仅要关注工程师面临的道德困境，也需要探讨其他主体如企业家共同体、政府官员、工人等面对的道德领域；既包括工程计划、工程设计、工程决策和工程评估等整个工程活动过程中涉及的伦理问题，也包括工程伦理教育、计算机、生态环境甚至军事领域所涉及的伦理问题。其次，从狭义角度来看，工程伦理研究的主要是工程活动各个环节的伦理问题，即研究工程选择、工程设计、工程决策和工程评估、工程实施等整个工程活动过程中所涉及的伦理问题。从最狭义角度来看，“工程伦理不论是什么伦理，它至少是一种职业伦理”，如何制定合理的伦理原则规约工程师的行为，以推进工程师的职业化进程，是工程伦理学研究的主要问题。以不同的标准审视工程伦理，会有不同的内容和不同的分类，但是随着工程活动规模的扩大，工程活动成为多个共同体共同参与的活动过程，仅仅将研究的视域局限于工程师的伦理已不能满足工程活动与时代发展的要求。工程伦理必然会实现由个体伦理向团体伦理的转变，研究内容也会实现由单纯研究工程师伦理转向研究所有与工程活动相关的伦理。

正确地阐述工程伦理特征是准确理解工程伦理本质内涵的必然起点，因此有必要对工程伦理的特征进行探究。

第一，工程伦理的社会性特质。工程道德精神和工程行为的价值取向受到人们所处的历史、社会、人文等各种条件的影响和约束，表现出鲜明的社会性和历史性。经济发展缓慢、科学文化水平低下，人们文化水平不高，道德思想觉悟和工程道德意识就较低，各种各样的传统观念和习俗也会潜移默化地渗透到工程道德意识之中，直接影响工程伦理，使工程伦理体现出一定的社会性。此外，因世界各地经济发展状况不同、政治文明不同、文化状况不同，工程伦理存在着巨大的差异，极具地方特色，体现出社会性。

现代意义上的工程源于北欧，而现代意义上的工程伦理却发源于北美，这引起了人们的深刻思考。工程伦理学之所以产生于美国，与美国深厚的思想文化溯源是分不开的，专家治国思想、职业伦理传统等悠久的思想文化传统是其他国家所缺乏的。这充分证明了工程伦理的诞生、发展以及内容制定受到社会条件的约束。作为东方文化典型代表的中华文化与英语国家的传统文化截然不同，缺少独特的职业传统。因此，美国工程伦理学科的建设和实践应用只是一个参照系，毫无疑问我们应该善于学习借鉴其他民族文化的精华，但是更应该重视工程伦理的本土社会性，切不能将根基不同的异质性的伦理文化范式生硬地照搬照抄。

第二，工程伦理的系统性特质。中国社会科学院李伯聪教授在提出“科学—技术—工程”的“三元论”观点的基础上区分了两种不同意义上的工程伦理学：作为工程师职业伦理的狭义工程伦理学——责任伦理，研究和讨论工程活动中的伦理问题的广义工程伦理学——团体伦理。此后，许多研究者在界定工程伦理时便认为工程伦理学的研究内容应该由前者转移到后者，甚至可以说这是目前工程伦理学研究领域的一致呼声。

工程伦理的主体实质上是一种具体存在及其要素互相关联、具体存在之间互相关联而构成的整体存在系统。它有自己特定的组织形式(结构)和展示方式(功能)，是关于工程伦理本体的个体论(责任伦理)和整体论(团体伦理)以及两者的简单相加所不能代替的。“每个事物都是系统或系统的一部分，它既不同于个体论(或原子论)，也不同于整体论。个体论只见树木不见森林，而整体论只见森林不见树木。与之相反，系统方法使我们既能看到树木(以及它们的组成部分)，又能看到森林(以及它的大环境)。对树木和森林适用的这一原则，在细节上稍做一些修改后，也适用于其他每一事物”。

工程伦理是由多元要素构成的系统伦理，这个系统在“伦理”的维度下必须呈现开放、平等的“交往理性”，系统内要素由于“理性的交往”突破了“我—你”“主—客”的本体论视角，使“主体间性”置于工程伦理的中心，有了主体间性，个体之间才能自由交往，个体才能通过与自我进行自由交流而找到自己的认同，避免了工具理性的单向度的强制。因此，基于系统性的维度，马克思主义的工程伦理研究必须避免片面、孤立、静态式的点式研究，必须沿着康德、马克思规定的主体间性方向，在哈贝马斯的主体间性理论精华的规范下进行系统性研究才能健康成长。

2.1.3 主要的工程伦理问题

工程不是单纯的科学技术在自然界中的运用，而是工程师、科学家、管理者乃至使用者等群体围绕工程这一内核所展开的集成性与建构性的活动。可以说，工程活动集成了多种要素，包括技术要素、经济要素、社会要素、自然要素和伦理要素等。其中，伦理要素关注的是工程师等行为主体在工程实践中如何“正当地行事”，其对于工程实践的顺利开展是必须的。“而且工程中的伦理要素常常和其他要素‘纠缠’在一起，使问题复杂化”。将伦理维度运用到其他要素，就形成了工程伦理所关注的四个方面的问题，即工程的技术伦理问题、工程的利益伦理问题、工程的责任伦理问题和工程的环境伦理问题。

1. 工程的技术伦理问题

工程活动是一种技术活动，工程技术伦理即工程技术活动所涉及的伦理问题。由于长久以来一直存在技术中立的相关学术主张，对于工程中的技术活动是否涉及道德评价和道德干预也存在较大争议。例如，技术工具论者认为，技术是一种手段，本身并无善恶。技术自主论者则认为，技术具有自主性。技术活动必须遵从自然规律，并不以人的主观意识为转移。与此相对，科学知识社会学等相关领域的学者则认为，不仅技术，就连我们作为客观评价标准的科学知识也是社会建构的产物，与人的主观判断和利益纷争紧密相连。工程中的技术活动本身具有人的参与性，是技术系统通过人与自然、社会等外界因素发生相互作用的过程。同样的技术，因建造者和组织者的不同，建造的工程千差万别，这说明人在应用技术的过程中在如何应用技术方面具有自主权。同时，人还具有选择运用何种技术、将技术运用于何种环境的自由，以上种种都是工程的技术活动中不可或缺的环节。

因此，在工程的技术活动中必须要考虑到技术运用的主体，而人是道德主体，人有进行道德选择的自由。可见，工程技术活动牵涉到伦理问题，工程中技术的运用和发展离不开道德评判和干预，道德评价标准应该成为工程技术活动的基本标准之一。

2. 工程的利益伦理问题

从建造方法上来看，工程是一种技术活动，从建造目标和应用价值方面来说，工程则是一种经济活动，其通过将科学技术的集成，实现特定的经济价值和社会价值，因此，在工程的建造过程中，涉及各种利益协调和再分配问题。随着科技的进步，工程建造进入大工程时代，工程牵涉的利益集团更为复杂，如工程的投资人和所有者、工程实施的组织者、工程方案的设计者、工程的建造者、工程的使用者以及受到工程影响的其他群体。能够尽量公平地协调不同利益群体的相关诉求，同时争取实现利益最大化，是工程伦理的重要议题，也是工程活动所要解决的基本问题之一。

概括来说，工程活动中的利益关系可以从工程内部和工程外部两个方面来进行分析。其中，工程内部的利益关系主要发生在工程活动各主体之间，例如工程计划环节中不同出资人之间的利益关系，工程的建造阶段工程师与管理人员、工人之间的利益关系，工程建成之后建造者与监督人、使用者的利益关系等。工程外部的利益关系主要是指工程与外部社会环境、自然环境之间的利益关系，例如工程在给一部分地区、一部分人带来特定利益的同时，也会对另一部分地区和另一部分人产生不良影响，其中包括经济利益、文化利益、环境利益等，这些利益又可分为短期利益和长期利益、直接利益和间接利益、局部利益和全局利益等。

工程的基本责任是为人类的生存和发展创造福祉，因此，如何通过工程活动平衡好各方利益，在争取实现效益最大化的同时，协调好各方利益，兼顾效益与公平两个方面，就成为工程中的利益伦理问题着力解决的核心问题，同时也是衡量工程实践活动好坏的重要标准。

3. 工程的责任伦理问题

工程责任不但包括事后责任和追究性责任，还包括事前责任和决策责任。工程师是工程责任伦理的重要主体，工程伦理研究首先从研究工程师的职业规范和工程师责任开始。随着工程哲学和工程伦理学的逐步兴起和发展，工程活动内部和外部的相关群体逐渐进入研究者视线，包括投资人、决策者、企业法人、管理者以及公众都成为工程责任的主体，他们也需要考虑工程的责任伦理问题。

不仅工程的责任伦理主体发生着改变，责任伦理的内容也随着时代的变迁而改变。最初，工程伦理准则主要是对工程师职责进行规范，由于早期的工程源于军事，因此准则中尤其强调工程师对上级的服从、忠诚和职业良知，即“忠诚责任”。随着工程逐步民用化，加之环境、资源、污染等问题日益凸显，工程师通过工程建造，在经济、政治甚至文化领域发挥着积极作用，工程伦理开始强调工程师不仅需要忠于雇主，同时他们对整个社会负有普遍责任，人类福祉成为工程师伦理责任新的关注点，工程师责任从之前的“忠诚责任”逐步转变为“社会责任”。之后，随着工业化进程的加快，各国相继出现生态危机。工程师伦理责任也开始从“社会责任”进一步延伸为“自然责任”。自此，工程的环境伦理问题成为工程伦理关注的另一焦点。

4. 工程的环境伦理问题

环境污染问题的严重性是与近代工程技术的迅速发展、工业化程度的不断提高、人类对自然的开发力度逐渐加大直接相关的。工程造成的环境问题，使得可持续发展成为必由之路。工程的环境伦理也由此受到普遍关注，其不仅涉及工程设计和工程建造的安全与效率等基本准则，还涉及工程原料的利用和工程从建造到使用过程中对环境的影响，即在工程实践活动的各个环节都要力争减少对环境的负面影响，实现工程的可持续发展。

现阶段，我国的环境问题尤为突出，如何协调保护环境与促进经济发展之间的关系，逐步形成节约能源的产业结构，实现经济的可持续发展是亟待解决的基本问题。现在的经济发展模式和企业经营方式大多数是以牺牲能源、消耗环境资源为代价，换取某种经济增长和经济效益，所以，关注环境、保护环境就成为现实而迫切的挑战。

2.1.4 工程伦理问题的特点

工程伦理问题的特点可以概括为历史性、社会性和复杂性三个方面，其中历史性是从时间的维度，社会性和复杂性则分别是从参与者和涉及因素的维度来看工程伦理问题。

1. 历史性：与发展阶段相关

在工程由最初的军事工程逐步民用化的过程中，工程伦理的价值取向、研究对象和关注的焦点问题都随之改变。其中，工程伦理的价值取向经历了“忠诚责任—社会责任—自然责任”的转变，工程伦理的研究对象从工程师共同体逐步扩展为包括官员共同体、企业家共同体、工人共同体和公众共同体在内的多个群体，相应地，工程伦理关注的焦点问题也从工程师面临的道德困境和职业规范转为同时关注其他工程共同体的道德选择和困境。

同时，随着技术发展和工程应用范围的扩大，工程与技术、社会、环境的结合和相互影响更为紧密，工程伦理学的关注领域也有了新的发展，开始将网络伦理、环境伦理、健康伦理、生命伦理等关系到人类未来生存和发展的全球性问题纳入研究范畴。例如，计算机普遍应用所带来的技术胁迫、网络的言论自由及产生的权力关系以及大型工程技术的应用所导致的世界性贫困等问题。

2. 社会性：多利益主体相关

工程伦理问题的第二个特点是社会性，这是由工程自身的社会性所决定的。与古代工程不同，现代工程具有产业化、集成化和规模化的特性，工程与科技、经济、社会以及环境之间都建立了极为紧密的联系。如前所述，现代工程牵涉到多种利益群体，其中的一部分作为工程的参与者构成了独特的社会网络，另一部分没有直接参与的利益群体，如日本核辐射受害者等，他们没有参与工程的决策和建造，却是工程的直接受益或受损者。鉴于此，如何平衡围绕工程组成的社会网络中各群体之间的利益，实现公平与效率的统一；如何公正地处理各种利益关系，特别是注重公众的安全、健康和福祉，是工程伦理着力解决的主要问题。

3. 复杂性：多影响因素交织

除了历史性和社会性之外，工程伦理问题的第三个特点是复杂性。这种复杂性体现在行动者的多元化以及多因素交织两个方面。

工程活动是一项集体性活动，同时也是经济的基础单元，一些国家级的项目在规模和影响力方面都达到了史无前例的程度，一项工程往往承担着科技、军事、民生、经济等多种功能。也正因为如此，以工程为核心形成的行动者网络日趋多元化，以 PX 项目中的决策环节为例，由于我国 PX 制造能力严重不足，导致这种基础性的化工原料长期依赖进口，PX 项目的建造属于国家的战略型工程。因此，投资者中不仅有企业，还包括国家和地方政府，他们分别有着不同的利益出发点。同时，由于 PX 项目属于化学项目，存在危险性和环境污染的风险，PX 项目选址周边的居民也成为利益相关人，随着公共参与决策民主化进程的推进，他们在一些时候也成为决策主体，例如厦门 PX 项目就是因为公众的公开反对而被迫叫停。可以看出，仅决策者这一角色的多元化就给工程带来了巨大的不确定性，而在现阶段的大型工程中，工程师、工人、企业家、管理者和组织者皆呈现出多主体跨地区、跨领域、跨文化合作的趋势，不仅在价值取向上千差万别，在群体文化、生产习惯等方面也存在难以消除的差异，这无疑为工程实践带来了巨大的复杂性和不确定性。

此外，技术的高度集成也使得技术系统对自然的影响产生不确定性，技术系统的构成要素和结构越复杂，失效的可能性就越大。加上工程本身就与科学实验不同，它是技术在现实环境中的创造性应用，过程本身就带有更高的不确定性，据此马丁等学者指出："看起来用心良好的项目也可能伴随着严重的风险"。这表达了工程的复杂性会导致工程结果的不可控风险。

2.2 国内外工程伦理研究现状

2.2.1 国外工程伦理研究现状

在我国，很多与工程伦理相关的研究都借鉴了国外工程伦理已经取得的研究成果，因而，国内工程伦理相关研究的梳理和分析，既在一定程度上反映了国外工程伦理的领军人物的思想和观点，也反映了国外工程伦理的发展状况及特点。但总体而言，我国工程伦理学研究起步较晚，而国外工程伦理研究则相对成熟。如果把从伦理角度分析"挑战者"号的悲剧的行为作为国外关注工程伦理的开端，那么，经过几十年的发展，工程伦理学在国外，尤其是在美国已经拥有了相对完善的伦理章程与稳定的学术建制，已成为一门成熟的学科。进入建制化阶段的工程伦理学在一定程度上提高了工程主体的伦理意识，促进了工程的良性发展。

工程伦理学无论在国内还是在国外，之所以引起重视的原因，都在于工程和技术所带来的巨大的负面影响。工程和技术不但严重破坏了社会和自然环境，而且在一定程度上危及到了人类自身的生存。"挑战者"号悲剧的发生首先敲醒了沉醉于工程技术力量的工程师们，他们对工程活动从伦理角度进行了深刻反思，工程伦理学也因此应运而生。工程伦理早期的作用主要体现在工程师协会章程中增加了有关伦理方面的要求，最为明显的就是在各大工程师协会的章程中都将"工程师的首要义务是把人类的安全、健康、福祉放在至高无上的地位"作为章程的首要原则。

国外工程伦理研究的内容主要集中在以下几个方面：第一，主要集中在有关工程师的伦理上。由于工程伦理不管如何定性，它肯定是一种职业伦理，其最初所要分析的是工程师和伦理之间的关系。第二，工程伦理教育也是工程伦理研究的重要内容之一，旨在培养未来的合格工程师。第三，工程协会及工程历史与章程的研究。从以上几个方面可以看出，最初的工程伦理主要局限于工程师伦理问题，是研究的基础和重点。

工程伦理研究的方法主要有两种：一种方法是典型真实事件的案例研究方法。如工程伦理学界的领军人物查尔斯·哈里斯等人合著的《工程伦理：概念与案例》一书，便以著名案例如"挑战者"号失事、双塔事件、福特斑马轿车等，结合工程伦理的相关理论进行了阐述和分析，并以此展现工程中内含的伦理问题。通过真实的案例研究、分析工程活动中涉及到的具有不确定性和风险的伦理问题，有助于提高工程师的能力，使其了解如何识别、表达和解决复杂的伦理难题。另一种方法就是将根据工程实践活动自身的特点，结合伦理学中的相关概念、规范和原则进行理论分析，以制定工程伦理原则和规范来约束和限制工程师的行为。如马丁在其所著的《工程伦理学》一书中就提出利用功利主义、权利伦理与义务伦理、美德伦理等基本伦理理论，分析并探讨工程中常见的风险与安全、责任与权利、诚实与欺骗等概念，指出他们的伦理内涵和价值指向。

随着技术和工程的应用与发展，国外工程伦理学的研究也跳出了工程师伦理的小世界，开始关注工程技术所带来的新课题。计算机伦理和网络伦理因计算机与网络技术的发展和普及成为工程伦理所关注的新的研究方向；生态伦理问题成为工程伦理学研究的重要内容之一；基因工程伦理因为基因技术及其转基因技术的推广应用而成为工程伦理学研究的新的重要内容之一；有关政策制定与工程决策伦理问题也随着工程伦理的深入发展而逐渐成为工程伦理关注的热点。

总之，工程伦理学在国外，尤其是在美国已经发展成为一门成熟的学科。由于本书在后文中将采用科学计量法对国际工程伦理及其工程决策伦理的相关文献进行统计分析，并将采用科学计量学中最新的可视化软件绘制国际工程伦理及工程决策伦理相关的知识图谱，将揭示工程伦理的领军人物、重要著作、核心期刊，特别展示和分析工程伦理和工程决策中的伦理研究的前沿及其演进历程，因而，在此只对国外工程伦理研究的现状进行简单评述。

2.2.2 国内工程伦理研究现状

虽然，我国在工程伦理方面的研究与国外相比还处于起步阶段，还有许多问题需要结合中国的现状进行深入研究，但是学者们对工程伦理学的基本问题也进行了许多有益的探索，这为我国工程伦理学的构建作出了重要的贡献。李伯聪撰写的《工程哲学引论》一书，对工程哲学的元理论进行了探讨，阐述了工程哲学建立的必要性及理论基础，为工程伦理学的建立奠定了哲学基础。肖平在《工程伦理学》一书采用实证研究与理论探索结合的研究方法，强化了对工程活动进行价值审视与道德约束的必要性和紧迫性的认识，并对解决工程决策和实施中的价值冲突问题提出了合理的抉择原则和依据。丛杭青教授翻译介绍了国外工程伦理学研究的许多成果，并且对这个领域的现状和未来进行了剖析和展望。从最初探讨工程伦理学建构的理论基础，到如今深入地研究工程伦理学的具体领域，工程伦理方向的研究成果日益增多。本书试从以下几个角度对这一领域的文献进行分析综述。

(1)学者们均认为工程伦理学有必要建立，但在建立的必要性及其如何构建等问题上观点不同。

第一种观点是“三元论”，即工程、科学与技术是三种不同的社会活动方式。以李伯聪为代表的学者们提出和坚持这一观点，认为工程独立的地位是构成工程哲学、伦理学的前提和基础，工程领域必然要处理复杂的道德问题，这是工程伦理学得以建立的重要依据。工程活动是一项包含了伦理、经济、技术、知识、管理等各种要素的物质建造性社会活动，不同要素密切纠缠在一起，形成了亟待解决的伦理问题，这成为开创和发展工程伦理学的现实基础和学理前提。

第二种观点则认为工程伦理学的研究可以从以下两个方向来开展，工程与伦理要保持一种双向走势。从伦理到工程是用伦理学的视角和方法去发现和研究工程中的伦理问题，以伦理道德引导和约束工程实践的发展，使工程更好地造福于人类。

从工程到伦理的方向，则要研究工程发展对伦理道德的影响，相应改变陈旧的伦理思想和规范，树立新的伦理观念。从逻辑上讲，对工程伦理问题研究的思路大致可以这样表述：以工程实践作为逻辑起点，工程的发展出现新的情况，产生新的问题，要求道德观念和伦理规范作出相应的变化和调整，而这些新的伦理反应不会局限在自己的领域内，它又反过来对工程实践的主体及其活动产生作用，以新的伦理理念引导、控制、约束和调整工程师及其工程实践，这样形成一个完整的循环，也体现了伦理的自反性(reflectivity)。只有这样的工程伦理研究，才能不仅具有理论价值，而且对工程技术促进人类进步和社会发展起到实际的作用。

第三种观点则认为整个工程的各个环节都内在与价值相联系，因而对工程活动的整个过程都与道德评价有密切的关系。工程是“造物”活动，它把食物从一种状态变换为另一种状态，创造出地球上从未出现过的物品或过程，乃至今天的人类生活于其中的世界。它们直接决定着人们的生存状况，长远地影响着自然环境，这是工程活动的意义所在，也是它必须受到伦理评价和导引的根据。而且，这种造物活动是社会的，它是一个汇聚了科学技术和经济、政治、法律、文化、环境等要素的系统，伦理在其中起了重要的调节作用。特别是参与工程活动实际上有不同的利益集团，诸如项目的投资方，工程实施的组织者、设计者、施工者，产品的使用者等。公开合理地分配工程活动带来的利益、风险和代价，是今天伦理学所要解决的重要问题之一。

(2) 目前的研究主要集中在工程伦理学的内涵、研究对象、学科构建等基本问题的探讨上。

李伯聪认为从狭义角度将工程伦理学定位为职业伦理学给予了充分肯定，但认为工程伦理学不仅仅是工程师的职业伦理和责任伦理，还可以有一个更“广义”的学科定位和学科发展空间，这就是“广义工程伦理学”的学科定位和学科发展方向，并且特别提出工程伦理学并非是应用伦理学，而是实践伦理学。李伯聪提出工程伦理切入实践应向三个层面展开：一是微观伦理，涉及工程活动中工程共同体的个体和团队的伦理问题，特别应关注工程师、企业家的伦理问题；二是中观伦理，着重于企业伦理、行业伦理、协会伦理、区域伦理研究；三是宏观伦理，是国家层面上与工程相关的政策伦理、制度伦理、政府行为伦理，以及国际工程中的关系伦理。约瑟夫·赫科特(Joseph R. Herkert)认为工程伦理学可以分为狭义的工程伦理学和广义的工程伦理学，或者分为微观工程伦理学和宏观工程伦理学，它重点研究作为个体的工程师的职业道德，即在工程实践中作为个体的工程师与他人(包括客户、同事和雇主)之间关系的伦理问题。从狭义到广义，工程伦理学的视野已经扩大，工程伦理学研究的重心也出现了转移。

从杭青在《工程伦理学的现状与展望》一文中分析借鉴了戴维斯和马丁对工程伦理的理解，对于工程伦理也进行了细致的分析，最后提出从下述两个视域来理解工程伦理：首先，作为一种社会实践活动，工程必然具有其内在的伦理维度。对工程的伦理维度的研究(实践伦理)构成了工程伦理学的主要内容之一，即马丁和欣津格尔如上所说的“工程伦理是对在工程实践中涉及到的道德价值、问题和决策的研究”。其次，作为一种职业，工程师应当具有其自身独特的职业伦理。这种与众不同的职业伦理也应当成为工程伦理学的主要研究内容之一。“无论工程伦理是什么，它至少是一种职业伦理”。这两个方面又是一致的，这就表现在工程师的职业活动本身就是一种社会实践活动。从研究范围上看，无论作为实践伦理还是作为职业伦理，工程伦理均有规范性的维度和描述性的维度。

(3) 工程伦理包括作为整体的工程及其各个不同阶段的伦理问题。

工程活动是一个动态过程，由许多环节组成，工程伦理学研究的是整个工程活动中的价值取向和道德评价问题。李伯聪提出工程活动是许多要素的集成性活动。虽然工程活动的第一本性不是伦理活动，但任何工程活动中都必然蕴含着一定的伦理目标、伦理关系和伦理问题。世界上不可能存在与伦理无关的工程。社会必须深刻关注工程的伦理维度，如果丢失或轻视这个维度，就会出现危害社会的不道德的工程。陈凡认为，需要从工程设计角度对工程进行伦理规约。工程设计不是单独的个人行为，而是富有文化意蕴的社会性的系统行动。它以生态保护为基本伦理原则，以人为本是其主要评价标准，工程设计伦理的主要特征是科学精神与人文精神的有机结合，是价值理性挑战工具理性的集中体现，是环境伦理、技术伦理与社会伦理的融合统一。王一多认为，在工程实践活动的每一个步骤，如立项、决策、施工、监理和验收等各个环节中，最有发言权和最终把关的都是工程技术人员。因此，在工程实践活动中，工程技术人员无疑在起主导作用。程光旭认为要加强对工程过程的伦理审视，重点探讨在一般工程环节的运作中进行道德审视与约束的内容。工程和技术运用不仅会影响到社会的发展，也体现了工程价值与社会伦理价值的关系。在工程设计、决策、实施的各个环节中，坚持伦理立场，在面对项目选择问题、质量问题、安全问题、成本问题、污染问题等作出合理的抉择，是工程活动沿着正确方向前进的保证。工程主体必须充分考虑该工程项目对公众的健康、人类的生存环境、子孙后代发展以及国家、雇主和消费大众所负有的伦理义务与责任，处理好工程合作中的各种关系。

（4）工程伦理的责任主体从个体向集体转化。

在传统的伦理学中，关于“伦理主体”的问题是不存在的。因为一直以来，人们一向把“个人”看作理所当然的伦理主体。可是在工程活动中，工程伦理的责任主体则有必要重新考虑和研究。

工程的规模在不断地扩大，特别是现代工程活动中，主体已不再局限于个体，更多情况下是以集体或团体的形式出现。因而，在研究工程的伦理问题时，也就必须承认进行伦理分析和伦理评价时所面对的主体可能不是单个的主体，更多时候是以集体或团体形式出现的主体。从劳动过程的纵向度来看，工程与技术一样，它的完成要依赖于分工合作。即便在横向度，某一个具体的工程也往往同时由多个个人或团体协作完成。尤其是涉及到大型工程项目时，工程活动更表现为团队的行为。它由多个行为主体组成，通过不同的主体而实现。这就意味着，在研究工程伦理的过程中必须跨越一个从“个人伦理主体论”到“团体伦理主体论”的理论鸿沟。

刘则渊与王国豫在分析技术责任时也论述了技术(工程)的主体问题，介绍了作为社会—技术系统论的奠基人罗波尔的观点。提出了责任的主体是由个人、团体和社会形成的一个责任类型的形态矩阵。刘则渊认为可以从技术的决策者和组织者层面、技术的创造者和生产者层面以及三个层面、技术的需求者和使用者层面来研究技术的社会主体。张恒力、胡新和认为工程主体的研究涉及到工程共同体的伦理分析，主要包括工程师共同体、官员共同体、企业家共同体、工人共同体、消费者共同体等在工程活动中所面临的伦理困境研究。肖锋在分析科技责任时指出，不仅工程师应该承担责任，而且工程管理者和政治决策者，包括公众都负有责任。曹南燕在分析现代社会责任的基础上，指出工程师对什么负责和对谁负责，认为工程师的责任是有限的，如果工程项目所造成的公众利益与雇主利益以及长远利益产生冲突，对于工程师而言，就要面临着“揭发”的问题。龙翔对工程师的伦理责任进行了梳理，提出伦理责任的三个转变，即由最初的忠诚责任扩展向“普遍责任”，由乌托邦式的“无限责任”回归到现实的社会责任，又由社会的责任延伸到对自然的责任。张恒力在构建工程伦理学理论框架的基础上，指出工程师伦理研究仅是工程伦理学的重要组成部分，各大工程共同体所面临的伦理问题构成了工程伦理学的研究内容。朱法贞分析了工程活动中政府的责任，在界定政府本身和政府官员责任的基础上，探讨了政府的利益导向问题、现代政府的伦理精神和政府职能的道德规约。可以看出，对于工程主体的伦理分析，主要侧重于工程师的伦理责任、伦理困境分析，而对于其他工程共同体的伦理研究较少，需要深入其他工程共同体的伦理问题研究。

（5）工程决策中的伦理问题是工程伦理的重要组成部分，有必要深入探讨。

工程决策（特别是重大工程决策）的正确与否不仅会影响一个地方或地区的发展，影响工程活动的全局，也会影响整个社会的发展进程，甚至影响人类的未来和命运。然而，工程决策中的伦理问题无论是在国内还是在国际工程界和工程教育界，均远未得到应有的重视。很多工程决策者缺乏应有的道德素质和伦理意识，在工程决策中毫无愧疚甚至毫无知觉地打着发展经济、促进建设的旗号，却进行着污染环境、破坏生态、危害公众健康和人类长远利益的所谓“合理工程决策”。工程技术中内含着很多伦理问题，并且贯穿工程决策活动的整个环节。如果人类不深刻地认识到这种伦理关系，不仅不能弱化工程已带来的负面影响，而且还可能会引发新的问题。在工程中所运用的科学技术并不一定具有合理性，科学家和工程师也并非完全具备对科技应用的效应作出价值判断和道德选择的能力。离开了伦理道德制约的工程决策很可能会是“唯利是图”的决策，会产生严重的后果，进而衍生出许多问题。

李伯聪在其出版的《工程哲学引论》一书中，将工程决策作为工程哲学的一个重要范畴进行了研究，并阐述了工程决策与工程风险之间的关系，以及工程决策的一些基本理论问题。李伯聪在其撰写的论文中提出工程活动不能缺失伦理维度，在工程活动中决策是一个关键环节。可以肯定，不存在不包括伦理要素或伦理成分的决策。虽然一般认为伦理因素并不是工程决策的“第一”要素，但伦理要素无疑在决策中发挥着非常重要的作用。工程伦理要研究工程活动过程及工程决策过程中出现的伦理问题，工程决策中的伦理是其不可或缺的组成部分与重要内容。工程决策伦理问题的研究势必要成为工程伦理学的一个重要内容。西方伦理学研究的一个重大进展是提出了责任伦理。所谓责任不但包括事后责任和追究性责任，也包括事前责任和决策责任。如果离开决策谈责任，那就在所难免地要把责任封闭在事后责任和追究性责任的藩篱之内。所以，在研究工程决策伦理时，必须把责任伦理和决策伦理的研究结合起来，把决策伦理当作责任伦理研究的重点。从“狭义工程伦理学”向“广义工程伦理学”转变的首要标志和根本关键就是把工程伦理学研究的“第一主题”从对“工程师的职业伦理”的研究转变为对“工程决策伦理”“工程政策伦理”和“工程过程的实践伦理”的研究。

安维复认为工程决策是一个值得关注的哲学问题。他指出工程决策不仅仅是对多种方案进行选择的问题，也是一个理性的过程，工程决策的核心是价值问题，工程决策需要哲学的关注。程新宇认为工程决策中的伦理问题是工程伦理学中最关键的也是最重要的问题。唐丽则对工程伦理决策策略进行了分析和论述，提出工程伦理决策是指针对工程中特定的伦理问题，依据相应的伦理准则和道德规范进行分析、推导而得出不同备选方案，并从中选出最合适的，以解决面临的伦理问题的过程。防范工程给公众和社会带来灾害是工程伦理决策的首要目标。

在阅读工程决策与决策伦理方面的文献时，不能忽视的是有各种不同的提法，有的文献在提到工程决策与伦理关系时使用的是“工程伦理决策”，而另一种提法则是“工程决策伦理”。其实“工程伦理决策”与“工程决策伦理”二者还是有着不同之处的。对于“决策伦理”以及“伦理决策”问题，李伯聪认为，二者不能截然分割，但也不能混为一谈。他提出决策伦理涉及的是“决策学和伦理学相互交叉、相互渗透性质”的问题，而伦理决策所涉及的则主要只是“伦理学范围之内”的问题。许淑萍认为决策伦理学其实就是伦理决策学。她认为伦理决策是指根据一定文化背景下的道德标准，对决策方案进行伦理分析、判断和选择，从而提高决策伦理性的过程。在管理领域，决策者认为决策是中心，伦理只是决策时要考虑的一个因素，而在伦理学领域则是将伦理作为研究的中心。虽然二者的侧重点有所不同，但都在一定程度上表达了决策与伦理道德的关系。所以，本书在研究的过程中，借鉴了有关“伦理决策”及“决策伦理”方面的研究成果，来解决工程决策过程中出现的伦理问题，同时从工程伦理角度反观决策，提出了工程决策中应该遵循的伦理规则，并探讨如何实现工程伦理对决策的规范和约束作用。

2.3 本章小结

工程伦理研究始于西方20世纪60年代，是一门哲学、伦理学与工程学、社会学交叉的新兴的学科门类。工程的概念最初主要用于指代与军事相关的设计和建造活动。在现代社会，工程概念的应用更加广泛，也形成了狭义的工程概念和广义的工程概念。在中国文化中，"伦理"的"伦"既指"类"或"辈"，又指"条理"或"次序"，常常引申为人与人、人与社会、人与自然之间的关系。"理"即道理、规则。顾名思义，"伦理"就是处理人与人、人与自然的相互关系应遵循的规则。

工程伦理具有社会性、系统性。工程伦理虽然有着共性的任务和目标，有着共同的伦理价值追求，但也因世界各地经济发展状况不同、政治文明不同、文化状况不同，而存在着巨大的差异，极具地方特色，体现出社会性。工程伦理主体实质上是一种具体存在及其要素互相关联、具体存在之间互相关联而构成的整体存在系统。它有自己特定的组织形式(结构)和展示方式(功能)，体现系统性。

工程伦理中主要关注四个方面的问题，即工程的技术伦理问题、工程的利益伦理问题、工程的责任伦理问题和工程的环境伦理问题。工程伦理问题的特点可以概括为历史性、社会性和复杂性三个方面，其中历史性是从时间的维度，社会性和复杂性则分别是从参与者和涉及因素的维度来看工程伦理问题。

在我国，很多与工程伦理相关的研究都借鉴了国外工程伦理已经取得的研究成果，因而，国内工程伦理相关研究的梳理和分析，既在一定程度上反映了国外工程伦理的领军人物的思想和观点，也反映了国外工程伦理的发展状况及其特点。但从总体而言，我国工程伦理学研究起步较晚，而国外工程伦理研究则相对成熟。

参考案例：公众集体抵制PX项目系列事件(据李正风等，2016)

PX是英文p-xylene的简写，中文名称为对二甲苯，是一种低毒性的基础化工原料，用于生产塑料、聚酯纤维和薄膜等材料，在树脂、纺织、石油冶炼等多种行业都有广泛应用。国内生产PX有近50年的历史，然而，直到2007年厦门发生公众联合反对PX项目，PX才慢慢进入公众的视野，逐渐被公众所了解。紧随其后的是2011年的大连PX事件，这次反对的是由大连福佳集团投资，并已经正式运营的项目，该项目投资95亿元，被称为中国最大的PX项目。2011年8月8日，受台风"梅花"影响，中国当时最大的PX项目大连福佳大化附近的防波堤被冲毁，生产用化工储罐受到威胁。PX项目被媒体形容为“令人闻风丧胆的终极绝杀项目”，随后大量民众强烈要求项目搬迁，要求政府下令让这家化工厂搬出大连。2011年8月14日，大连市委市政府公开要求该项目立即停产并承诺对该项目进行搬迁。大连PX项目的风波未过，2012年10月26日，宁波镇海区又有约5000人反对筹建中的PX项目。2013年5月4日，3000余名昆明群众抗议中国石油在昆明安宁的炼油项目。2014年3月30日，广东茂名市上千名市民发起对拟建芳烃(PX)项目的反对活动。此外，四川、青岛、彭州等地也都爆发类似事件，多地发生的抗议事件构成了以厦门PX项目事件为代表的公众集体反对PX项目系列事件。

由于涉及地区广泛、参与群众众多，PX项目系列事件也成为工程伦理问题研究的一个典型案例。事实上，在国内，类似的公共事件并不罕见，例如四川什邡钼铜项目、安徽舒城垃圾填埋场事件等。这种由当地社区居民发起并参与、以环境权利为诉求的集体抗议并非中国特有，最早可以追溯到20世纪70年代中期美国因垃圾处理设施选址而引发的系列冲突，学者用“邻避效应(NIMBY，not-in-my-backyard)”一词来形容这一现象。邻避效应以不对称的利益分配为主要特征，一般而言，邻避设施提供普遍的社会利益，设立这些设施所衍生的成本却往往集中于周围居民身上，造成危害民众身体健康，降低生活品质，冲击房地产价值等不良影响。例如，有的PX项目年产值过百亿，能够有效带动所在地的经济和就业，同时，对于缓解我国对进口PX的高度依赖状况有着重要意义。然而，作为化工产品，人们担心PX在生产过程中所产生的二氧化硫、氮氧化物、非甲烷总烃、硫化氢等有害物质会对周围的环境和居民的健康造成不良影响，如何协调国家、地方、企业与特定群体之间的利益冲突成为PX项目决策和建设中的突出问题。此外，PX项目还涉及多主体利益博弈与化学品生产和社会风险防范等问题。

综上所述，PX项目的系列事件可以看作工程实践中“邻避效应”的一个典型案例，其中的关键问题集中于项目选址这一工程决策环节，从中可以看到随着网络等新兴媒体的出现，公众作为重要利益相关主体逐步参与到工程决策中来，与政府、企业等其他利益主体进行多方博弈。然而，相比于其他化工项目，PX本身属于低毒性物质，不具有高风险性，其引发广泛关注和抵制的原因除了其工程规模巨大之外，还包含政府工程项目决策过程不透明、公众对PX的毒性和PX项目本身的危害性存在误解等原因。同时，PX生产过程中所发生的若干起事故也进一步加剧了公众对PX项目的抵制情绪。因此，对PX项目而言，需要重点解决项目选址、环境影响、风险防范、公众参与等相关内容，同时加大信息公开力度，广泛听取公众意见，必要时召开座谈会、听证会等。

思考与讨论

1. 工程伦理的本质是什么？

2. 结合本章关于怒江水电开发的引导案例，思考工程实践中可能出现哪些伦理问题？这些伦理问题各有什么特点？

参考文献

[1] 马丁，辛津格．工程伦理学[M]．李世新，译．北京：首都师范大学出版社，2010.

[2] 哈里斯，等．工程伦理：概念与案例[M]．从杭青，等译．北京：北京理工大学出版社，2006.

[3] 李伯聪．关于工程伦理学的对象和范围的几个问题——三谈关于工程伦理学的若干问题[J]．伦理学研究，2006(6)：24-30.

[4] 尧新瑜．“伦理”与“道德”概念的三重比较义[J]．伦理学研究．2006(4)：21-25.

[5] 李世新．工程伦理学及其若干主要问题的研究[D]．北京：中国社会科学院研究生院，2003.

[6] 卢风．应用伦理学概论[M]．北京：中国人民大学出版社．2015.

[7] 宋希仁，陈劳志，赵仁光．伦理学大辞典[M]．长春：吉林人民出版社，1989.

[8] 唐凯麟．西方伦理学名著提要[M]．南昌：江西人民出版社，2000.

[9] 万俊人．美国当代社会伦理学的新发展[J]．中国社会科学，1995(3)：144-160.

[10] 肖平．工程伦理学[M]．北京：中国铁道出版社，1999.

[11] 李伯聪．工程伦理学的若干理论问题——兼论为“实践伦理学”正名[J]．哲学研究，2006，(4)：95-100.

[12] 朱葆伟．工程活动的伦理问题[J]．哲学动态，2006，(9)：37-45.

[13] 李伯聪．工程伦理的学科性质和特征[C]//第二届全国科学技术与工程伦理学术研讨会．昆明：昆明理工大学，2009.

[14] 丛杭青．工程伦理学的现状和展望[J]．华中科技大学学报(社会科学版)，2006，(4)：76-81.

[15] 陈凡．工程设计的伦理意蕴[J]．伦理学研究，2005，(6)：84-86.

[16] 王一多．工程质量问题的道德思考[J]．西南民族学院学报(哲学社科版)，2000，(1)：53-56.

[17] 程光旭，刘飞清．现代工程与工程伦理观[J]．西安交通大学学报(社会科学版)，2004，(6)：78-85.

[18] 王国豫，胡比希，刘则渊．社会—技术系统框架下的技术伦理学[J]．哲学研究，2007，

(6)：78-85.
[19] 刘则渊，王国豫．技术伦理与工程师的职业伦理[J]．哲学研究，2007，(11)：75-78.
[20] 张恒力，胡新和．问题与建制——中国工程伦理学述评[EB/OL]．http://hps.phil.pku.edu.en/viewarticle.php? sid=2417.
[21] 肖峰．从元伦理看技术的责任与代价[J]．哲学动态，2006，(9)：45-51.
[22] 曹南燕．科学家和工程师的伦理责任[J]．哲学研究，2000，(1)：45-51.
[23] 龙翔．工程师伦理责任的历史演进[J]．自然辩证法研究，2006，(12)：64-68.
[24] 张恒力，胡新和．工程师伦理问题研究[D]．北京：中国科学院研究生院，2008.
[25] 朱法贞．工程伦理视野中的政府角色——中国工程伦理建构的一个重要维度[C]//中国第一届工程伦理会议论文集，2007.
[26] 李伯聪．工程与伦理的互渗与对话——再谈关于工程伦理学的若干问题[J]．华中科技大学学报(社会科学版)，2006，(4)：71-75.
[27] 安维复．工程决策：一个值得关注的哲学问题[J]．自然辩证法研究，2007，23(8)：51-55.
[28] 唐丽．工程伦理决策策略分析[J]．中国科技论坛，2006，(6)：95-98.
[29] 李伯聪．绝对命令伦理学和协调伦理学——四谈工程伦理学[J]．伦理学研究，2008，(5)：42-48.
[30] 许淑萍．决策伦理学[M]．哈尔滨：黑龙江人民出版社，2005.
[31] 汤剑波，杨通进．崛起与建构——国内工程伦理学研究现状述[J]．道德与文明，2007，(5)：76-78.
[32] 张端明，何教华．迎接我国工程伦理学的春天——《工程伦理：概念和案例》读后感[J]．华中科技大学学报(社会科学版)，2007，(3)；124.
[33] 张恒力，胡新和．福社与责任——美国工程伦理学述评[J]哲学动态，2007，(8)：58-62.

3 工程实践中的伦理问题

引导案例：哥伦比亚号事故的伦理考量(据张恒力，2013)

2003年2月1日，哥伦比亚号航天飞机完成了为期16天的太空任务，但是在其将于佛罗里达州降落的前几分钟，在德克萨斯州空中发生了解体。这场事故的实际原因是，在发射仅82.7秒后，从外箱掉落的绝缘泡沫撞击了航天器左翼的前缘，破坏了热保护系统。在重新进入大气层后，这种损坏导致超高温气体进入航天飞机，最终酿成事故。

而哥伦比亚号事故调查委员会的任务，不仅局限于探索事故的物理原因，还包括广泛调查其他方面因素，特别是在组织、管理方面，并在报告中指出："委员会早已认识到事故可能不是普通的设备异常事件，很有可能是长期根植于NASA的历史和人类太空飞行文化的因素"。例如，依靠过去的成功作为工程实践的替代品，组织体制障碍限制了有关安全信息的有效沟通，并且抑制了不同的专业意见。可以看出，美国宇航局工作人员(包括工程师)并没有忽视发射引起的问题，在任务经理组织的会议上，工程师无法获得相关内容的细节，无法证明碎片造成的危险，因此也没有充足的证据说服经理采取相应的解决措施。

3.1 常见伦理问题

3.1.1 生产安全

对于近年来发生的严重事故，一些企业对隐患采取漠不关心甚至纵容的态度，导致已经发生了一些生产安全事故。但是，因为管理者有机可乘、利欲熏心、"钻漏洞"，导致一些已经纳入整改范围的安全隐患，由于缺乏风险意识和主体责任感，尚未规避改进。更有甚者，肆意妄为，胆大包天，藐视生命，对安全隐患不"放在眼里"，认为是无关紧要的事情。

只有敬畏生命，才能从根本上关注安全生产，才能更好地遵守安全生产法律、法规和标准程序，才能切实履行责任。深入分析每起重大事故，大部分原因都是由于主要负责人缺乏道德规范，忽视安全生产法律法规，无视员工安全和健康。

对于公司或社会而言，关注安全、保护生命和关心健康应该是最基本的价值目标，安全与道德伦理不可分割。

3.1.2 公共安全

公共安全问题主要发生在公共工程运营中，是由于其公共性，或者其影响的公共性给社会公众带来的安全问题，例如建筑质量问题，公共道路、桥梁安全问题等。公共安全是工程师承担的重要社会责任之一，以前的人们往往认为，涉及到工程项目的安全问题，就是工程项目本身的安全生产，以及工程项目相关人员在生产过程中的人身安全。而且在工程项目稀少和信息不发达的社会条件下，工程项目通常也不会导致公共安全问题。在这种情况下，工程项目的公共安全问题并没有得到像安全生产一样的重视。

案例及分析：1998 年 10 月 25 日晨 5 时许，辽宁铁岭昌图县沈哈高速公路青洋河大桥塌陷，1 台货车翻车，2 台货车相撞，2 死 5 伤。2000 年 11 月 27 日 21 时 45 分，广东深圳盐坝高架桥支架失稳坍塌，69 名工人坠落，10 人重伤、23 人轻伤。2002 年 1 月 4 日 16 时 50 分许，浙江丽水景宁县景泰公路 52 省道云寿线改造工程一石拱桥坍塌木架支撑塌，8 死 15 伤。2005 年 12 月 14 日 11 时 45 分，福建三明市梅列区徐碧乡列西村五仙姑石拱大桥坍塌，6 人被乱石砸埋身亡。2008 年 10 月 28 日 20 时 20 分，重庆武隆县浩口乡芙蓉江跨江大桥在建桥梁 23 人吊斗坠落桥面，11 死 12 伤。工程建设是带有特定目的的社会活动，对人类的生产生活有着举足轻重的作用，面对当今科技的发展，我们不应将眼光停留在是否搞好了工程，而应关注的是我们是否搞了好的工程。“豆腐渣”工程已经给我们带来了惨痛的教训，由于工程质量不过关，而导致了严重的损失。

3.1.3 环境与生态安全

在过去相当长的时间里，人类对自然的认识是不足的。曾几何时，“人定胜天”“地大物博”“取之不尽，用之不竭”等认识让我们引以为傲，却忘记了“天人合一”“顺应自然”的古训。人类在进行工程活动、利用和改造自然方面获得了丰厚的回报，但是人们违反自然规律修建工程，受到自然惩罚的情况也时有发生。例如，围湖造田导致洪水泛滥，过度开垦造成土地荒漠化，滥砍滥伐导致水土的流失，大量的水坝建设导致河流干涸。

案例及分析：北美死湖事件。工业革命之后，西方各地的工厂、汽车以及居民家庭开始大量燃煤，并把未经处理的燃煤废气排入大气，美国和加拿大也不例外，尤其是在工业发达的地区。这些废气中含有大量 SO_2 和氮氧化物(如 NO、NO_2)。SO_2 在大气中被氧化成为 SO_3，然后和大气中的水结合生成硫酸。氮氧化物则在被氧化后和水生成 HNO_3。H_2SO_4 和 HNO_3 都是强酸，如果降水(雨、雪、雹、露等)中强酸的浓度过高，导致降水的 pH 值小于 5.6，那么这样的降水就是酸雨了。酸雨的概念在 19 世纪末被提出。酸雨在美国从 20 世纪 50 年代起得到关注和研究。1974 年，康奈尔大学的两位科学家 Cogbill 和 Likens 调查了美国雨水的 pH 值，发现美国东北部的平均值是 4.3~5，并且很多其他地区(南至佛罗里达，北至加拿大)的雨水 pH 值也低过了 5.6。

酸雨对生态最明显的破坏就体现在水体中，如溪流、湖泊、沼泽。有些水生生物能够抵抗湖水变酸，但是另一些水生生物则会随着湖水酸性增高而死去。通常，年幼的生物更容易因湖水变酸而死去。当湖水的 pH 值降到 5 时，水生生物的卵几乎都无法孵化。而且，即使某些物种能够承受低 pH 值，但如果它们所食用的物种因低 pH 值而死，它们也会因食物不足而死去。一般来说，湖水的 pH 值低于 5.5，这片湖水的生态就严重受损，算是“死湖”了。20 世纪 80 年代，美国的纽约州受酸雨影响最重，死湖数量也最大，拥有超过 200 个死湖。马萨诸塞州其次，拥有超过 100 个死湖。明尼苏达、加利福尼亚、佛蒙特、宾夕法尼亚、佛罗里达等工业发达的州也因酸雨而产生了大量死湖。

要确保生态安全，必须要坚持人类社会可持续发展的价值取向，如全球气候变暖、生态系统等可持续发展问题已经成为全世界所必须面对的问题，这一问题在人口众多的中国尤其突出。面对资源衰减、环境污染、生态环境退化和破坏等严峻形势，工程人员应该树立起人类社会可持续发展的价值取向，一方面珍爱自然、自觉践行节约资源的基本国策，另一方面顺应自然、自觉践行保护环境的基本国策。

3.1.4 社会公正

对于分配工程代价，任何享有工程利益的个人和单位，都要承担起相应的代价，不存在任何特权，也不应有人只承担责任和义务。对于工程师而言，一名好的工程师必须也是一名公正的工程师，必须在复杂的工程项目利益分配中公正地评判和作出合理的选择，协调好各方面的义务和利益。有些雇用工程师的业主也许会左右工程师的判断，希望工程师作出对他们有利的决定和判断，这样势必损害其他方(比如工程项目使用者和利益受损者)的正当权益。这时就需要工程师不受业主方的影响，作出公正的判断，维护工程项目利益分配和责任分担的公正。

工程师应该保持一种客观和公正的姿态，尤其当这一工程活动涉及到公众的健康、安全和福祉的时候。在工程活动中，尊重并保护每个人的生存、发展、财产、隐私等个人合法权利，工程技术人员应始终树立保护工程活动中公共权利的意识，不得擅自损害个人利益。对无法避免或已造成的损害给予合理的经济补偿。

3.1.5 经济发展与工程的社会责任

工程活动绝不仅仅是技术活动。在工程活动中，不仅反映了人与自然的复杂关系，而且反映了人与人、人与社会之间复杂的关系。随着科学技术的发展和社会的进步，工程活动规模不断扩大，影响范围越来越广。工程师的责任从原始雇主的利益扩展到全人类和整个社会的利益，这要求工程师不仅要对客户和企业负责，还要对公众负责。“工程师的道德责任要求他把公众的利益置于最前沿”。工程师的首要任务是将人类安全、健康和福祉置于至高无上的地位。对于那些对环境和生态有害并影响公共健康的项目，必须受到更广泛的道德伦理约束。因此，工程的社会责任伦理逐渐成为工程伦理的首要内容。正如工程伦理学家安格所述：“以往我们只是关心是否做好了工作，现在的首要工作是思考是否做了好的工作”。

3.2 如何处理工程实践中的伦理问题

3.2.1 工程实践中伦理问题的辨识

1. 国家意志与个人权益的矛盾

挑战者号悲剧。1986 年 1 月 28 日，在佛罗里达肯尼迪航天中心，“挑战者”号航天飞机在升空 73 秒后爆炸解体，7 名宇航员殉职。这次事故，是美国宇航局也是人类太空探索史上最沉重的悲剧。事后的调查表明，此次事故的根源是一个不起眼的橡胶部件——“O-ring”(O 形环)。由于发射时气温过低，橡胶失去弹性，使得原本应该是密封的固体火箭助推器内的高压高热气体泄漏，最终导致高速飞行的航天飞机在高空解体。

“挑战者”号最初计划于美国东部时间1月22日下午2时43分在佛罗里达州的肯尼迪航天中心发射，但是由于上一次任务的延迟导致发射日推后到23日，然后又延迟到24日。接着，因为塞内加尔达喀尔的越洋中辍降落场地的恶劣天气，发射又推迟到了25日。而根据气象预报指出，肯尼迪航天中心当时的天气情况不宜发射，发射再次推后到美国东部时间1月27日上午9时37分。在发射前的测试时，由于外部舱门通道出现了问题，发射再推迟了一天。就在发射前一晚，NASA工程师和负责飞船焊接及密封的某公司工程师一起讨论了天气对任务的影响。虽然有人表示了对橡胶材料密封性的担忧，但最终管理层依然决定在28日进行发射。

挑战者号发射失败，由此夺去全部机组人员的生命，众多的民众在电视转播中目睹了这一悲剧的全部过程。在这个事件中，成功发射的最大获益者就是国家航天局，也是他们代表的美国政府。这个发射活动是美国彰显强大军事力量的手段，而那些牺牲的生命都要服从于这一国家主体的意志。虽然美国是一个以个人权利为中心的国家，但是在个体组成的群体中，游戏规则就是个体的权利要服从群体的大局，只有做出相应让渡的权利才可以得到保障。人权，所包含的生命权和发展权并不能真正高于主权，国家作为一个主体，在其成立之初就是一个阶段的意志代表，因此，个人让渡的权利是让渡给了一个阶级。

2. 商业利益和社会责任的对立

斑马车油箱事件。某公司曾在1972年推出了一款新车斑马(Pinto)，这款微型小汽车体积小，售价不到2000美元。因为急于与外国汽车厂商竞争，某公司从设计到投入生产共用了两年多的时间，而通常这一时间应为三年。因工时如此短，图纸设计远领先于实际工程进展和水平，这使得工程设计比通常的设计遇到更多困难。最后，安放汽车油箱的位置被确定在后轴和保险杠之间。这种安放使得差速齿轮托架的螺栓头暴露在外，这种情况下一旦汽车在高速公路上被撞，暴露的螺栓头很可能会划破油箱引起燃烧，这将殃及车内乘员，甚至导致死亡。尽管存在如此巨大的设计缺点，消费者使用时会冒着失去生命的危险，某公司还是生产并销售了这种存在巨大隐患的微型汽车，结果当然是使用者在完全不知情的情况下使用着这些汽车，事故和伤亡也是在所难免的。最令人遗憾的是，在多起事故发生后，由于遭受索赔，某公司对斑马车的设计缺陷进行了研究，并且得到了解决的方案，然而，当最终决定是否对汽车进行投资改造时，公司的决策者决定维持原来有缺陷的汽车生产方案，因为改进的方案要在每辆汽车上投资约11

美元，经过精确计算后的事故赔偿费用平摊到每辆车上的成本只有3美元。这一对利益的驱逐，对使用者生命价值的漠视事件最终使得公司失去了消费者的信任，遭受了惨痛的损失。

在工程生产实践和人工物使用过程中存在着利益的冲突问题，对于利益冲突可以从多个角度加以理解，它可以指在工程实践不同阶段涉及到的不同主体，由于出于各自立场而引发的相互之间的经济、文化等各方面的矛盾，这一矛盾对于工程实践的公平展开带来了阻力。从工程师职业伦理的角度看，工程师基于职业忠诚与诱惑而作出不客观的职业判断，将会对工程师这一职业造成致命的伤害，因为工程人员的工作所依靠的是他的专家知识和长期经验积累的职业敏感，并且利用这些知识来为普通消费者作出客观的职业判断，正是基于这些，普通大众才会将信任寄托在工程师人员身上，但是，利益冲突会加重大众对于职业判断是否公正客观的担忧，最严重的是彻底失去他们的信任，当信任不复存在的时候，工程师这一职业遭遇的危机将会使它失去往日的荣光甚至是存在的基础。

3. 工程风险对生命价值的否定

现代克隆技术。1980年，美国著名社会人类学家兼企业家罗伯特·格兰姆倡导的“诺贝尔精子库”在美国加州建立。1982年9月，第一位“诺贝尔婴儿(多伦)”出生。迄今为止这个精子库已经培养出六十多位诺贝尔奖获得者的后代，在世界上共有66位“诺贝尔婴儿”。在这个人制造人的过程中，被制造者已经毫无自尊而言，因为他的存在是别人意志加上技术应用的结果，他的出生如同工厂里千百个被制造的产品，只是这种被操纵、被制作不是来自上帝，而是来自他人的意志。人被放在试管中，被冷冻于冰箱中，生命的价值失去了成长所经历的独特，不在于后天的努力、勤奋，优秀的品质、学习能力、创造能力都不如先天的基因命定。现代人，尤其是科学家、工程人员都是无神论者，然而，他们所做的一切却证明他们是一个彻底的命定论者，只是这种命不是神的赐予而是基因的赐予，这不但是对丰富多彩的人类世界和大自然演化过程的否定，更是对人自身自信的践踏，在经历了思想解放的若干年后，人类依然不能完全相信自身的成功不是先天所能决定的。

随着科学技术的进步，大量新兴科技成果正在迅速转变为科技产业和工程实践，生物工程、基因工程、信息工程和网络通信工程等众多新兴工程领域展现给人们丰富多彩的技术蓝图。与此同时，人们也提出了一个个新的道德问题。这些领域的工程实践伦理问题不容易被识别和了解，如何看待这些新的问题，各个国家也没有达成共识，这些工程产品和技术的使用究竟会有什么样的后果都还是个未知数。

3.2.2 处理工程伦理问题的基本原则

1. 工程设计的可持续发展原则

该原则要求工程师们注意工程产品和工程结果对工程设计环境的可能影响，以及工程产品的可回收性。当然在工程设计中也涉及关注目标、功效、安全等问题，而这里主要是突出说明可持续发展(环境保护)原则。在当前环境生态问题突出并日益受到重视的时代，保护环境，促进可持续发展无疑是工程中的必然选择和发展路径。可持续发展具有丰富的内涵和意义，通常包括生态可持续性、经济可持续性和社会可持续性。所以，在工程设计中，工程师必须关注环境问题，而促进可持续发展也成为重要的伦理原则之一。

2. 工程活动的安全原则

该原则要求工程师在工程活动中注意和评估风险，告知公众风险并保护公众安全。就工程师制造的新技术而言，它超出了我们所能知道的范围，包括我们知道什么是安全的。而无论工程师如何谨慎仔细，他们将不时地走得太远，会造出失败的产品，有时候还会带来灾难，这要求工程师在工程活动中更负责任。马丁在描述负责任的工程师时，提出了四个方面的要求，其中第一要求就是："一个基本义务就是保护人类团体的安全并尊重他们的同意的权利"。具体来说，这项责任是将受项目影响的公众安全、健康和福祉置于最高地位。并且在探求新知识、追求利益和遵守规则时保证不忽视安全和福利，关注少部分人那些可能被忽略的伤害。同时，作为公众安全和利益保护者的工程师也不应该强加自己的意志，搞家长式的统治，而是在涉及风险的工程活动中尊重与考虑到参与者的意愿和知情同意。

3. 工程揭发的综合适度原则

该原则要求工程师在考虑各种因素的基础上揭露问题，包括涉及的问题和可能的影响，并积极探索创造性的中间解决方案。其实，在工程伦理学中，揭发是最有争议的话题，不仅涉及大量的问题，而且工程师所面临的道德冲突最为尖锐。由于工程师协会的大多数道德伦理规范，规定工程师将公众的安全、健康和福祉置于最高地位，但也规定尽可能地忠诚于雇主，满足雇主的要求，而有时工程师在工程活动中不可避免地面临着忠诚于雇主与忠诚于公众的安全、健康和福祉之间的冲突。在这种道德冲突情况下，就需要工程师一方面综合地考虑多种要素，如是否存在真正的或潜在的严重伤害，伤害是否已经得到充分的证明。这些关注应该迅速地报告给上级，当不能从上级迅速得到满意的回复之后，使用组织内常规的渠道把信息传到最高管理层。合理的愿望是揭发能够帮助禁止或减小伤害等。另一方面更需要充分地考虑揭发行为可能导致的报复，特别是对于家庭与事业的影响以及可能造成的伤害。

3.2.3 应对工程伦理问题的基本思路

不论哪种伦理学思想或伦理原则，都不能够完全解决我们在实践中面对的伦理问题。如前所述，当利益冲突、责任冲突和价值冲突导致工程实践的伦理困境时，行为者的实践智慧一方面要诉诸于遵循社会伦理和公序良俗，另一方面要将工程行业的伦理规范与个人美德结合——通过自我反思达到对伦理规范的更新认识，并以现实的行动实践这种认识。

一般来说，在面对具体的工程伦理问题时，可通过以下程序性步骤应对和解决所面临的工程伦理问题(图 3.1)。

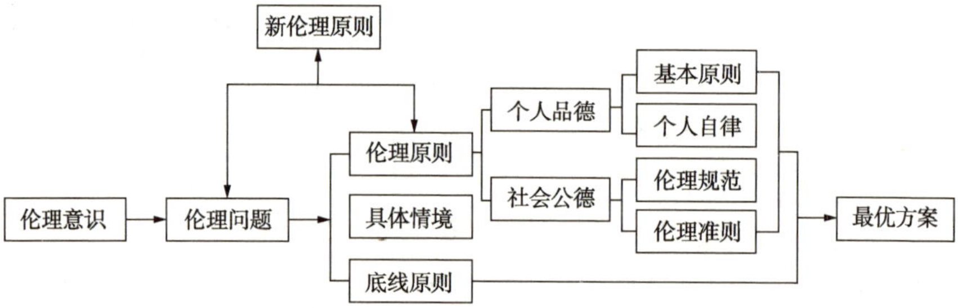

图 3.1　处理伦理问题的基本思路

具体可分为如下四个方面。

(1) 培养工程实践的伦理意识。伦理意识是解决伦理问题的第一步，许多伦理问题是由于实践主体缺乏必要的伦理意识造成的，特别是当一些工程决策者和管理者缺乏伦理意识之时，还会给工程师等其他群体造成伦理困境。

(2) 依据伦理原则、底线原则和具体情境来解决工程实践中的伦理问题。伦理原则包括处理伦理问题的三个基本准则，即个人的伦理和道德自律、工程共同体的伦理规范与伦理准则等。底线原则主要是指伦理原则中处于基础性、需要放在首位遵守的原则。具体情境是指工程实践发生的相关背景和条件的组合。

(3) 根据工程实践中遇到的伦理问题，及时正确修订相关的道德准则和规范。伦理准则和规范在形成之初并不完备，需要在具体实践中及时修正伦理准则和规范自身存在的问题，以便其更好地指导工程活动。

(4) 逐步建立遵守工程伦理准则的相关保障制度。当工程师等实践主体在面临雇主要求和伦理准则发生矛盾之时，难以有效维护自身权益，应该逐步探索和建立遵守工程伦理准则所需的相关保障制度，促进工程伦理问题处理的制度化。

3.3 本章小结

工程实践即是应用科学和技术改造物质世界的自然实践，更是改进社会生活和调整利益关系的社会实践。工程实践不仅涉及工程师、其他技术人员、工人、管理人员、投资者和其他与工程活动相关的利益相关者，还涉及工程与人、自然和社会的共生，因此面临着复杂的利益关系。同时，由于该项目是在部分无知的情况下进行的，结果不确定，工程活动既可能形成新的事物满足人们的需求，也可能导致非预期的不良后果。因此，工程也是具有风险的社会活动。

工程实践中的伦理问题主要包括生产安全、公共安全、环境与生态安全、社会公正、经济发展与工程的社会责任等方面。工程伦理问题具有发展阶段复杂性与多利益相关者的社会性。从处理工程与人、社会和自然的关系这三个层面来看，在处理工程伦理问题时，必须坚持人道主义、社会公正、人与自然和谐发展的基本原则，使公众安全、健康和幸福放在首位。

参考案例

20 世纪 60 年代，欧美发放试验药物“反应停(Thalidomide)”，在没有经过相应的动物致畸实验前提下，让人直接服用，许多在怀孕早期服用药物的孕妇会产出严重变形的婴儿，类似海豹并且有鳍状肢。

2001 年，在美国霍普金斯大学的一项药物人体试验中，一名参与该实验的年轻女性志愿者，在吸入名为六甲基铵(hexa-methonium)的试验药物数周后，遭受了严重的肺损伤和肾功能衰竭，最终死亡。调查发现，研究人员使用的测试药物尚未获得食品和药物管理局批准就用于人体。

数年前，某研究小组对中度及重度哮喘患者进行不同剂量的呋塞米吸入治疗单盲人体实验。在实验前一天，自愿参加的受试者停止使用抗哮喘药物，除了显著低氧血症患者吸入 30%氧气外，没有添加其他药物。治疗组用不同浓度的呋塞米生理盐水溶液吸入 20 分钟，对照组仅用生理盐水吸入 4 小时，结果治疗组有效率为 85%，而对照组中，除 1 例有效、1 例无变化，82%的受试者肺功能恶化。

思考与讨论

1. 结合工程活动的特点，思考为什么在工程实践中会出现伦理问题？

2. 结合本章关于哥伦比亚号灾难安全问题的引导案例，思考工程实践中可能出现哪些伦理问题？这些伦理问题各有什么特点？

3. 结合本章的参考案例，思考并讨论该如何妥善处理可能遇到的工程伦理问题？

参考文献

[1] 张恒力．工程师伦理问题研究[M]．北京：中国社会科学出版社，2013.
[2] 张恒力．工程伦理读本[M]．北京：中国社会科学出版社，2013.
[3] 王前，朱勤．工程伦理的实践有效性研究[M]．北京：科学出版社，2015.
[4] 冯英．工程实践中的伦理问题研究[D]．中原工学院，2014.
[5] 朱洲．工程实践主体的伦理责任问题研究[D]．云南师范大学，2014.
[6] 姜华．工程使用中的伦理问题研究[D]．大连理工大学，2009.
[7] 张小凤．我国当代工程实践主体的伦理意识探究[J]．改革与开放，2017(8)：72-73.
[8] 铁怀江．工科大学生工程伦理观研究[D]．西南交通大学，2013.
[9] 潘国军．安全伦理对安全生产领域的深层次影响分析[C]//第七届中国国际安全生产论坛论文集．2014：175-180.
[10] 刘园园．我国工程伦理失范与工科学生工程伦理教育[D]．湖南工业大学，2013.
[11] 潘国军．安全伦理对安全生产领域的深层次影响分析[J]．中国安全生产科学技术，2014，(z1)：175-180.
[12] 宋薇．新时期工程社会责任问题探析[J]．中共郑州市委党校学报，2012，(2)：77-79.
[13] 韩咏华．工程建设参与者所承担的社会责任[J]．城市建设理论研究(电子版)，2014，(21)：4077-4077.
[14] 何菁．工程伦理的道德哲学研究[D]．东南大学，2014.
[15] 朱海林．技术伦理、利益伦理与责任伦理——工程伦理的三个基本维度[J]．科学技术哲学研究，2010，(6)：61-64.
[16] 刘清华．基于科学发展观的安全生产伦理研究[D]．南华大学，2011.
[17] 铁怀江．工科大学生工程伦理观研究[D]．西南交通大学，2013.
[18] 潘国军．安全伦理对安全生产领域的深层次影响分析[C]//第七届中国国际安全生产论坛论文集．2014：175-180.
[19] 刘园园．我国工程伦理失范与工科学生工程伦理教育[D]．湖南工业大学，2013.
[20] 潘国军．安全伦理对安全生产领域的深层次影响分析[J]．中国安全生产科学技术，2014，(z1)：175-180.

[21] 宋薇．新时期工程社会责任问题探析[J]．中共郑州市委党校学报，2012，(2)：77-79.
[22] 韩咏华．工程建设参与者所承担的社会责任[J]．城市建设理论研究(电子版)，2014，(21)：4077-4077.
[23] 何菁．工程伦理的道德哲学研究[D]．东南大学，2014.
[24] 朱海林．技术伦理、利益伦理与责任伦理——工程伦理的三个基本维度[J]．科学技术哲学研究，2010，(6)：61-64.
[25] 刘清华．基于科学发展观的安全生产伦理研究[D]．南华大学，2011.

4 工程师的职业伦理

引导案例：2008 年中国奶制品污染事件（据李正风等，2016）

食品安全事件在当今社会屡见不鲜，其中非常典型的一起是 2008 年中国奶制品污染事件，事情缘于许多小孩在食用三鹿奶粉后身体出现异常，经检查大多患有肾结石，食品安全部门介入其中，在三鹿奶粉中发现化工原料三聚氰胺。这件事情引起社会各界的广泛关注以及对各类乳制产品安全的担忧。

中国国家质检总局随后对全国所有的乳制品厂家，逐一进行安全检查，发现许多厂家的乳制品中都含有三聚氰胺，其中甚至包括蒙牛、圣元、光明、伊利等知名企业。

三聚氰胺事件发生后，工业和信息化部与发改委立即联合发文《乳制品工业产业政策》，对乳制品行业发展规范进行了调整。同时，由卫生部牵头，启动重新制定乳制品的《杀菌乳安全标准》《灭菌乳安全标准》和《生鲜乳安全标准》的工作。2008 年 10 月 9 日，在卫生部通告三鹿奶粉含三聚氰胺的一个月后，《乳品质量安全监督管理条例》正式出台，该条例通过总则、奶畜养殖、生鲜乳收购三个章节对监管部门作了相关规定。2011 年 6 月 1 日，卫生部批准公布的乳品安全国家标准正式实施，其中共包括 66 项具体标准，包括生乳、发酵乳、调制乳等所有乳制品。此次重大修订被称为“乳品新国标”。

中国奶制品污染事件使得卫生部会同农业、工信部、药监局、质检总局、工商总局等部门成立了协调小组，对国家的乳制品安全标准进行整理完善。2010 年 3 月 26 日，新的乳制品国家安全标准由卫生部批准公布，并于 2011 年 6 月 1 日正式实施。国家对奶制品污染事件的关注及其后的一系列重大政策、规范、标准的出台，有力地促进了中国乳制品行业的职业建设。

乳制品行业是一个民生行业，它的质量安全与人民的健康息息相关，因此，乳制品生产的技术标准不仅是单纯的技术标准，不应只关注企业利润，而是与公众的安全、健康和福祉息息相关，“安全与品质才是奶业发展的终极目标”。然而，问题是为何会出现如此严重并产生恶劣影响的事件？安全标准的不尽完善仅是造成该事件的原因之一，重要的是在该事件发生的过程中，企业、监管部门的责任何在？生产企业中工程师是否履行了自己的职责？工程师应该如何全面地理解和履行自己的职责？如果我们把工程作为一种职业，工程师的职业伦理是什么？

4.1 概述

4.1.1 工程师职业准则的相关规定

工程师指具有从事工程系统操作、设计、管理、评估能力的人员，在工程建设中起到重要作用，包含设计工程师、研发工程师、生产工程师等。工程师一般情况懂得多门学科知识并且拥有一定应用技巧，在人类建造人工自然环境，改造物质自然界的活动过程中扮演着重要的角色，他们是项目设计，研发及施工过程的主体。朱高峰院士(中国工程院原副院长)认为，当代工程师必须具备品德、知识、能力三个方面的基本素质，这样才能合理运用科学的方法和技术手段来分析并解决工程中出现的各类问题。

美国工程师协会提出了工程师的五大基本准则：

(1) 工程师在进行工程任务的过程中，应将公众安全、健康置于首位，并且将其作为服膺准则。

(2) 工程师应只限于在自己工作能力范围内进行工作。

(3) 工程师应以客观、诚恳、公正的态度发表言论。

(4) 工程师应在专业工作中扮演着多种角色：业主、雇主、信托人、经纪人。

(5) 工程师做事须光明磊落，在各项事物中不应该存在欺骗手段。

我国台湾的“中国工程师协会”提出了四大“中国工程师信条”：一是工程师的社会责任：尊重自然，守法奉献；二是工程师的专业责任：创新精进，敬业守分；三是工程师对雇主的责任：互信互利，真诚服务；四是工程师对同僚的责任：承先启后，分工合作。这些提法是有一定道理的。

4.1.2 工程师的工程责任

从词源学考察，工程师一词起源于拉丁文。在中世纪时，人们通常把军事器械和设备的创造者称为工程师。伴随着 18 世纪工业革命的兴起，人们对工程师的认识也发生了非常大的变化，在当时，人们主要把蒸汽机的使用者称为工程师。在今天，工程师主要是“设计、制造或者维护引擎、机械、桥梁、铁路和采矿等的人”。在工程实施的每一个环节中，工程师都扮演着极其重要的角色，因此可看出他们的地位之重要，责任之艰巨。

1. 工程师的设计责任

不知情的人通常认为，由政策制定者和管理者进行设计目标的确定，而实际上起决定性作用的却是工程师，因为工程师在技术方面具有权威性，他们是技术的决策者。每一项工程在进行目标选择时，公众需求和社会需要必不可少，但更为重要的是要与实际相结合确保技术的可实施性。因为工程想要保证安全，技术必须为前提。虽然现阶段要求管理者和政策制定者要拥有一定专业技术水平，但是在面对实际工程时，只有工程师才能作出合理的技术决策。工程师不仅需要确定工程的设计目标，而且需要确保工程的设计安全。这个阶段设计责任成为工程师的主要责任。

2. 工程师的关照成果责任

倘若把一项工程的设计看作源头，那么工程的实施就可以看作是建立事物的过程。工程师为完成工程实际目标，选取建设材料、优化组合建造技术、检查对比建造结果。为了保证这些过程的正常进行，工程师需要工作于施工现场，而不是坐在办公室。他们对工程质量进行监督，把维护公众的福祉和技术安全的责任感作为自己的追求目标。这个阶段的关照成果成为工程师的主要责任。

3. 工程师的社会责任

工程质量的评估和验收是每一项工程在结束时必须要做的工作。此时工程师担任质量评估的检测者。根据质量检测标准，这个时期工程师需要对工程的各个环节进行逐一验收，而在这个过程中健康和安全作为评估的主旨，工程对人的健康不产生损害，对环境没有大的污染。例如，化工厂的废物处理场，不仅被要求在设计之中，在化工厂建成后也要得到查验。这个阶段对人类健康、环境和社会的责任成为工程师的主要责任。

社会道德责任在以上所有责任中都有所体现，只因最基本的人类伦理关系蕴涵其中。

4.2 工程职业伦理

4.2.1 工程师职业伦理章程

职业伦理在工程师之间及在工程师和公众之间表达了一种内在的一致，即工程师向公众承诺他们将坚守章程的规范要求：①当涉及专家意见的职业领域时，促进公众的安全、健康与福祉；②确保工程师在他们专业领域中的能力（和持续的能力）。

明确的“工程师”职业，从出现至今已经历了三百余年的发展。工程师群体受到社会进步及科技进步的影响，其职业责任观发生了多次改变，归纳起来经历了从服从雇主命令到“工程师的反叛”、承担社会责任、对自然和生态负责四种不同的伦理责任观念的演变。工程师职业责任观的演变直接导致了工程师职业伦理章程的发展。在当今欧美国家，几乎所有的工程社团都把“公众的安全、健康与福祉”放在职业伦理章程第一条款的位置，确保工程师尽职尽责并且遵守职业标准规范，这成为现代工程师职业伦理章程的核心。

无论是西方国家的工程师职业伦理章程，还是中国的工程师职业伦理章程，无一不突出强调工程师职业的责任。“存在责任就意味着工程师有责任去明确事物带来的后果，或阻止不愿看到的事情发生，或从事一项特殊的工作”，因此，在工程师职业伦理章程中，责任通常归因于一种功利主义及对工程风险造成的赔偿问题。

1997 年，美国土木工程师协会（ASCE）对基本的职业准则做了重要的修改，将其中的“应当”修改为“必须”，即“在履行职业责任时，工程师必须将公众的安全、健康和福祉置于首位，并努力遵循可持续发展原则”。“工程师应当这样理解责任，责任存在伦理层次，不同时期、不同工程活动，工程师有不同的责任”，即工程师必须按照责任的最低层次要求遵守工程伦理章程和职业操作程序标准，避免相互指责；责任的第二层次是“合理关照（reasonable care）”，“工程师应该认识到，一般公众的安全、健康、福祉和生命取决于融入工艺、设备、建筑、机器及产品中的工程决策、判断和实践”，即工程的每一个环节、技术、行为，工程师必须做出风险评估，考虑工程风险为他人可能带来的伤害，并尽一切可能降低风险，为公众安全和健康提供保障；责任的第三层次是鼓励“工程师应在民事事务及保障社区安全的工作中起到重要作用”，要求“工程师实践超出义务”，“在反思社会的未来中肩负更多的责任，因为工程师站在技术革新的最前沿”。

具体来说，工程师责任包含三个层面的内容，即社会、职业和个人，责任区对应分为微观层面和宏观层面。责任的微观层面一般由工程师和工程职业伦理关系决定，责任的宏观层面则是大家所说的社会责任，技术方面的社会决策与其息息相关。西方国家职业社团的工程伦理章程的基本准则对责任的宏观层面比较关注，美国全国职业工程师协会（NSPE）伦理准则、ASCE 伦理准则、IEEE 伦理准则等，都规定进行工程活动时将“公众的健康、安全和福祉”作为优先考虑的方面。在微观层面，其一，鼓励工程师思考自己的职业责任，各工程社团的职业伦理章程起到重要作用，例如，“提高能力，在合理的时间内以合理的价格创造出可靠、高质量、安全的软件”，“提高对技术、适当应用、潜在后果的了解”。芬伯格认为，想要工程和技术向有利方面发展，工程师必须积极地参与技术革新，使风险降到最低。工程师需要认真思考自己在当前工程和技术发展中的职业角色，并且必须考虑到自己行为的后果并对此负责。其二，责任要求也包含于职业伦理规范中，它促进工程师的诚，即“在评价工程师时，应将正直和诚实作为衡量的最高标准”。

4.2.2 工程师的岗位职责

(1) 工程师应负责工程项目总体进度、质量、技术管理、工程造价控制等管理工作。

(2) 工程师应负责总体计划的编制与实施，并对正在实施的项目计划进行统计、分析、调整等综合管理。

(3) 组织施工单位、项目办及监理单位一切从实际出发全面分析工程的特点，分析工程的技术难点，确定工程的控制要点，制定出合理有效措施和流程；并监督监理单位和施工单位制定相关的监理和施工的计划，在工程监理和施工过程中，落实人员和条件，使层级之间形成有效监控体系，使建设管理目标明确化。

(4) 负责项目建设中的技术管理工作。组织设计单位、监理部门和施工单位对设计图纸进行会审并且完善和优化；论证设计变更方案；负责新工艺、技术、和材料应用；对施工组织计划进行审查，审核并验证重要工艺过程；协助总监理工程师审查监理实施细则，并且解决施工过程中的重大技术问题等。

(5) 负责监督和管理施工合同履行的动态。组织相关人员定期或不定期深入施工现场，督查施工单位专业工程师、主要机械设备及三大负责人的到位和工作情况；监控质量安全保证体系良好的运行；监督施工单位严格按照批准的施工组织设计、图纸、技术规范进行施工；检查施工单位在前期准备、安全生产、工作进度、工程质量、现场管理等各个方面履行合同的情况，使各项管理指令落到实处；监控实施计划的进度，并具体问题具体分析，同时采取相应的措施；监督施工方在现场管理、安全生产方面的管理和措施是否到位；同时，记录并处理施工管理人员的违规行为及施工单位合同违约事件，并且让有关科室进行跟踪落实。

(6) 负责项目的新技术利用和配套工程的科研工作。

(7) 协调项目对外各方及工程技术方面合同各方的工作关系；对集中招标采购的大型施工设备材料的质量进行监督。

(8) 负责项目造价控制和工程变更的管理工作；负责配合项目的审计工作。

(9) 负责组织办理项目中间计量支付、交工支付、竣工结算等手续。

(10) 负责执行总结报告的编写；签发合同段工程交工证书。

(11) 在项目缺陷责任期时，负责工程缺陷修复管理。

(12) 负责组织编制项目竣工文件，做好竣工验收工作。

(13) 对主任负责，分管工程建设管理科，并对现场管理办公室工程管理方面的工作进行监督和业务管理。

(14) 负责编写工程进展情况汇报，负责工程建设有关资料的归类、收集、建档工作，负责审核工程建设统计资料，负责报送项目的建设管理规定的信息和统计资料。

(15) 负责项目办各部门并会同监理单位对施工单位的合同履约情况(综合质量、进度、造价、安全、文明施工等)进行全方位考评及信誉度评价，并提出相应经济和信誉度奖罚的意见，报请项目办主任审定。

(16) 协助主任参与重大事项的决策；负责组织完成主任安排的其他任务。

(17) 配合副主任和总监理工程师做好其他工作。

4.2.3 工程师的职责履行

中国目前虽然已经是世界第二大经济体，但本身仍只是发展中国家。快速发展过程中，伴随而来的生产安全、公共安全、环境安全、食品安全以及信息安全将会成为我国政府和民间长期关注的焦点。

作为一名中国工程师，面对国内目前的发展状况和社会问题，应当恪守两点：一是诚信，二是标准。诚信的意思是不回避任何生产对公众、社会的不良影响，尤其是不能因工程本身损害公民利益。此外，不能忽视科学技术本身的缺陷，每一步都脚踏实地才能保证经济与其他方面的发展不出现脱节。标准的意思是严格按国家给出的标准生产。不管是生产排放还是产品本身都需达标，至少不能让问题出在生产过程中。

如何履行职责，同样有两个关键点。一是为年轻工程师树立良好的工程观念，同时向企业注入新鲜血液。二是强化有关部门的监管力度，严查各项标准。双管齐下，即可从理念和生产过程两方面实现工程师职责履行的目的。

确保实现安全、健康、福祉和公平的基本条件是履行责任。工程师履行责任不仅需要内在动因，而且需要外在规范。工程师的价值观对履行责任至关重要，因为价值观决定工程师做项目的方向和目的。目的在伦理学范畴中指人类的动机，动机正是人类产生行为的直接动力和根本原因。工程师的行为取向取决于价值观，价值观是工程师确保行为履行责任的基础。工程师应该将安全、健康和福祉放在价值取向的首位，这样工程实施的关键时刻，工程师才能及时做出正确的行为。例如，美国某公司的副总工程师罗伯特·伦德是莫顿·瑟奥，在低温条件下，他坚决不主张发射航天器，因为从科学角度讲，低温条件下发射航天器，初级O形环和次级O形环可能会无法正常密封。他认真务实地履行了作为工程师的职责。后来尽管事故发生，但是航天局的管理者们应为直接责任人，而不是工程师。工程师的行为虽然没能够阻止悲剧上演，但他已经尽到的应尽的职责。

道德良心是工程师在履行责任时的内在保证。工程师的道德良心是工程师将自己的责任和义务转化为信念而形成的责任感。工程师责任感的形成受道德觉悟影响。在任何情况和任何条件下，道德良心可以使工程师自觉履行职责。当然，在解决实际情况的伦理困境时，工程师要客观地和充分地考虑道德的两难问题，寻找到一个最佳解决方案。

工程师履行责任的外在条件是伦理规范。在工程实践中，许多工程师行为选择都能按照伦理规约进行，并且工程师个体和工程师团队都受伦理规范的约束。例如，美国土木工程师协会(ASCE)的规范中指出：工程师应该在履行职责的过程中努力遵守可持续发展原则并将公众的健康、安全和福祉置于首位。伦理规范的作用一般体现在两个方面：一是在实践过程中，工程师会根据要求来选择行为；二是在工程师在面对伦理困境时，也具有适当的方法和手段。

4.3 工程师的职业美德

21世纪，品质培养是中国工程教育人才培养的关键。

人才培养的过程中，人才素质培养至关重要。作为社会主义事业的接班人，必须要有社会主义、爱国主义和集体主义政治思想。中国工程教育必须造就出拥有高觉悟、高素质、高技能的工程人才，才不会辜负国家和人民的期望。

总而言之，人才素质要求“有道德、有理想、有纪律、有文化”等综合素质全面发展。因此我国重点大学在培育工程师的过程中，不仅需要培养他们过硬的专业本领，而且需要锻炼他们吃苦耐劳、艰苦奋斗的优秀品质，这样他们才能在科学技术方面做出一番成就，成为科技方面的领军人物。

4.3.1 创新能力与创新品质

创新，可以理解为创造和革新。要让工程这个“有创造力的专业”永葆青春，创新的能力和品质对工程师来说必不可少，一个国家经济的发展和社会的进步也必然与创新紧密联系在一起。早在20年前，发达国家早已意识到这一点，因此他们从未间断过工程教育的改革。“科学家和工程师各有分工，前者发现世界已有事物，后者创造世界新型事物”。以前，人们的思想受技术障碍的束缚；现在，人们的思想主导技术发展，可以说只有想不到的，没有做不到的。观念的变革、概念的更新、思想的解放，成为今天所有创新项目的导向标。创新不仅体现能力，更是涉及价值观、态度、意识和动机等因素的品质问题。坚持不懈、自强不息的意志和勇气，艰苦奋斗、独立自主的创造精神，执著、强烈的创造欲望，是工程师必不可少、不可替代的品质。

4.3.2 实践能力与实干精神

工程师往昔的冥思苦想或闭门造车已经不复存在，现代工程师直接在实践中解决复杂问题获取创造力。工程师不是仅有理论的思想家，但却是理论与实践相结合的的实干家。实践是工程活动的本源，实干是工程师的本分。近年来，工程教育对学术相当重视，却与国家需要和现实需求严重脱节。大可想象，商场里摆放的全是外国制造的物品，这个国家的工程教育会成功吗？这个国家会永远屹立不倒于世界民族之林吗？曾经，麻省理工的一份研究报告《美国造——夺回生产力优势》，在美国引起轩然大波。短短几年时间，美国在制造业方面的科学技术得到大大提升。至今，美国高校依旧将“回归工程实践”作为改革的口号。

如今的中国只有靠务实的工程教育才能造就真才实学的工程师，工程师想要实现他的抱负，必须脚踏实地、勤勤恳恳、务实求真，这样才能将自己的才华展露出来。

4.3.3 忧患意识

不是弱者才有忧患意识，真正强者的忧患意识更为突出。忧患意识是对现状的不满、想着更加完善、敢于挑战问题的欲望，它是承认差距、揭露矛盾、立志解决问题的气魄，它是躬身践行、意向高远、不甘平庸的态度。忧患意识必然与报效祖国、吃苦耐劳、振兴事业、奋发图强等美德相联系，也必定会与不苟私利、不讲空话、不图虚名等优秀品质相关联。有了这些良品美德，无论学生今后是合伙经营、自主创业或者从事公职，将永远激励他们在自己的领域开辟出一片的新天地。

4.3.4 指挥才干与领袖胆识

古今中外的创业者大部分都有能想人之不敢想、做人之未曾做的气质。在工程师的职责中，本来就有安排人工、控制进度，调遣材料、规划工事，决断施策、应变事故等内容。因此，工程师需要进行大量的管理训练，需要具备管理能力和经济头脑，培植企业家精神，有能力承担各个重要角色的职责。新时代优秀的工程师需要具备企业家和政治家的良好品质，从而开拓一片新的天地。这是知识经济时代与旧时代工程师素质的最大差别所在。这些素质体现在工程师的洞察力、决断力、行动力和号召力。新时代工程师必须具备“洞察力”，工程师可以预测何种技术会发展，哪种商品或样式能流行，哪种举措能降低风险、获取效益。总而言之，工程师需具有先见之明。新时代工程师必须具备“决断力”，工程师能迅速把想法转化为实际操作方案，并且能够掌握方案实施的合理时机。优柔寡断、决策迟疑、举棋不定所丧失的机遇更让人惋惜。新时代工程师必须具有“行动力”，工程师可以对已经作出决定的事情迅速做出有效行动，即使遇到困难也不会丧气，能够迅速调整状态，决不会轻易放弃目标。新时代工程师必须拥有“号召力”，因为要达到一定的高度，靠一己之力远远不足，此时工程师需要善于运筹调遣、组织发动，善于营造一种团队氛围来激励团队的奋斗精神和创新精神。

4.3.5 淡泊名利

淡泊是一种崇高的境界和心态，淡泊是调节心理、静心养生的良方。如果一个人有淡泊的心态，他就不会争名逐利、随波逐流，就不会因为外界的事物大喜大悲，就不会对他人及世事牢骚满腹，更不会产生嫉妒的心理。一个人拥有淡泊的心态，所有对身心健康不利的因素都将被击退。

4.4 本章小结

1. 工程是一门职业

工程是一种涉及高深的专业知识、自我管理和公众利益的服务，它通常在自己的职业伦理章程中明确表达了公共善。这意味着：第一，只有经过长期专业知识、技能和技术的培训，才能成为本职业的工程师；第二，职业工程师需通过职业社团进行自主的自我管理；第三，工程职业服务于公众的安全、健康和福祉并提供技术解决方案。

2. 职业需要伦理

为了防止职业人员滥用权力，职业需要具体化为行为规范的伦理标准，即职业伦理。对作为职业的工程而言，工程伦理是一种预防性的伦理，它旨在预防道德伤害和可避免的伦理困境，帮助职业工程师进行伦理反思，作出正确的行动。

3. 工程师职业伦理规范

工程师的具体职业伦理规范由工程社团的职业伦理章程所确定，它一般包括：首要责任原则、工程师的权利与责任、工程师的职业美德，并尽可能通过规范条款详细地说明在不同工程实践情境下工程师如何作出正确的伦理决策。

参考案例

1. 中国奶业标准到底该由谁来制定？

在2008年中国奶制品污染事件之后，由卫生部牵头，启动重新制定乳制品的《杀菌乳安全标准》《灭菌乳安全标准》和《生鲜乳安全标准》的工作，而这三个标准的起草者为国内两大乳制品巨头——蒙牛和伊利，这使得中国整个乳制品行业陷入了各执一词的大争论。企业之所以争着起草标准，是因为企业完全可能在技术、概念界定等方面做出利于本企业发展的标准参数。

中国奶业标准到底该由谁来制定？

奶业标准如何保证公平性和适用性？

奶业标准如何保护公众的利益？

2. 熊很舒服？

2012年2月，福建某药公司想要通过上市融资来扩大生产规模，消息一经发出，便引起巨大的反响，“活熊取胆”“熊很舒服”一夜间成为整个网络热搜词条，引发许多民众热切关注和质疑。社会质疑的目的无他，就是请该公司做一家有良心的企业。爱护动物人士提倡“没有买卖就没有杀害”，坚决抵制该公司“活熊取胆”。但是，中国中药协会支持该公司，认为熊胆在中医临床上的作用不可替代。

职业协会应该如何维护其成员的利益？

行业协会如何在社会、企业和公众间摆正自己的位置？

企业在经济利益谋取与道德情操坚守之间该何去何从？

3. 女性的工作能力不如男性吗？

布伦达·琼斯是某公司的一名化学实验技师，当她想在职业生涯中进一步发展时，她的上司断然拒绝了她提出的工艺化学师岗位申请，因为上司对她的处事能力表示怀疑，“如果你的孩子生病了，那么你该怎么办？工厂还得运行，当你留在家里照看孩子时，他们是不会等着你的”。难道仅仅因为琼斯是女性，就要一次次地错过机会吗？

职业女性如何冲破性别阻力？

在职业中，女性该如何自我定位？

女性如何在职业中争取自己的平等权利？

思考与讨论

1. 戴维斯(Michael Davis)这样定义“职业”：“职业是许多从事相同工作的个体为了生计而自愿地组织起来，并以超越法律、市场、道德以及公众所要求的道德允许的方式，公开侍奉一个道德理想”。他提出，木匠、理发师、守门人及其他围绕一个共同的伦理准则来从事各项工作的人群，都应当看作是职业人员。请结合本章有关对职业的论述及相关案例，谈谈你对职业的理解。

2. 结合本章对工程职业和工程职业伦理的论述，并结合本章参考案例，谈谈你对工程职业精神的理解。

3. 很多从事具体工作的职业工程师认为，在现实的工作情境中，工程师采取某项职业行动的动机是什么无关紧要，重要的是做正确的事情。请结合工程的特点和本章对工程职业伦理规范的阐释，参考国内外工程职业社团的伦理章程，思考并讨论工程师在从事职业活动时“负责任行为”的标准。

4. 通过本章的学习，查阅相关资料，思考并讨论在当前中国“一带一路”“中国制造2025”发展趋势下“职业工程师”的标准。

参考文献

[1] 姜明霞．浅析科学技术的负面影响[J]．学理论，2009，(28)．

[2] 肖宏伟．雾霾成因分析及治理对策[J]．宏观经济管理，2014，(7)．

[3] 成金华，席晶，李悦．基于资源问题区域差异的生态文明指标体系研究[J]．中国国土资源经济，2015，(3)．

[4] 王沛民，孔寒冰．努力培养21世纪中国工程师[J]．中国工程科学，2001，(6)．

[5] DAVIS M，STARK A. Conflict of interest in theprofessions[M]. New York：Oxford University.

[6] LAYTON E T. Revolt of the engineers，social responsibility and the American engineering profession[M]. Baltimore：Johns Hopkins University Press，1986.

[7] FLORMAN S C. The civilizedengineer[M]. New York：St. Martin's Press，1987.

[8] SOLOMON R C. A better way to think about business，how personal integrity lends you to corporate success[M]. New York：Oxford University Press，1999.

[9] 马克思，恩格斯．马克思恩格斯全集(第3卷)[M]．中共中央马克思恩格斯列宁斯大林著作编译局，编译．北京：人民出版社，1960.

[10] 亚里士多德．尼各马科伦理学[M]．申白，译注．北京：商务印书馆，2003.

[11] 哈里斯，普里查德，雷宾斯．工程伦理概念和案例[M]．丛杭青，沈琪，等译．北京：北京理工大学出版社，2006.

[12] 所罗门．伦理与卓越一商业中的合作与诚信[M]．罗汉，黄悦，潭畋畋，姚玮堤，译．上海：上海译文出版社，2006.

[13] 戴维斯．像工程师那样思考[M]．丛抗青，沈琪，等译校．杭州：浙江大学出版社，2012.

[14] 马丁，辛津格．工程伦理学[M]．李世新，译．北京：首都师范大学出版社，2010.

[15] 威廉斯．道德运气[M]．徐向东，译．上海：上海世纪出版股份有限公司，2007.

[16] 甘绍平．应用伦理学前沿问题研究[M]．南昌：江西人民出版社，2002.

[17] 高兆明．存在与自由：伦理学引论[M]．南京：南京师范大学出版社，2004.

[18] 徐向东．自我、他人与道德一道德哲学导论(下册)[M]．北京：商务印书馆，2009.

[19] BEAMON B M. Environmental and sustainability ethics in supply chainmanagement[J]. Science and Engineering Ethics，2005(11)：221-234.

[20] DOORN N. Responsibility ascription in technology development and engineering：threeperspectives[J]. Science and Engineering Ethics，2012(18)：69-90.

[21] UNGER S Codes of engineering ethics[C]//JOHNSON D C. Ethical Issues in Engineering. New Jersey，Prentice-Hall，1991，105-129.

[22] 戴维斯，中国工程职业何以可能[J]工程研究：跨学科视野中的工程，2007，3(1)：132-141.

[23] ACM/ IEEE- CS"软件工程伦理与职业行为"联合工作组．[美]软件工程伦理与职业行为准则(完整版)[EB/OL]．[2016-02-20]. http://www. sqa. org. uk/e-learning/proflssues03CD/page_04. htm.

[24] SON W C. Philosophy of technology and macro-ethics in engineering [J]. Science and Engineering Ethics，2008(14)：405-415.

[25] [美]土木工程师协会(ASCE)伦理准则[EB/OL]．[2016-02-20]. http://www. asce. org/

code-of-ethics.

[26] [美]机械工程师协会(ASME)协会政策伦理[EB/OL].[2016-02-20].http://www.asme.org/getmedia/9EB36017-FA98-477E-8A73-77B04B36D410/P157_Ethics.aspx.

[27] [美]电气和电子工程师协会(IEEE)伦理准则[EB/OL].[2016-02-20].http://www.icee.org/about/corporate/governance/p7-8.html.

[28] [美]全国职业工程师协会(NSPE)工程师伦理准则[EB/OL].[2016-02-20].http://www.nspe.org/resources/ethics/code-ethics.

[29] [美]化学工程师协会(AIChE)伦理准则[EB/OL].[2016-02-20].http://www.aiche.org/about/code-ethics.

5　石油工程伦理问题

5.1　石油工程及其特点

5.1.1　石油工程的特点

1. 高风险

石油勘探开发工程的对象，是地下几千米或上万米的油气资源，一般情况下，相对于地面工程其风险性高，而衡量风险性高低的重要指标，是勘探开发的“成功率”。全世界找到油气田的成功率，最高可达 30%，一般是 20%左右。中国有八大油气资源沉积盆地，找到油气田的概率是 25%，有些盆地概率更低，甚至连 10%都不到。所以说石油行业是一个高风险性的行业，在进行石油勘探开发的过程中，风险始终是困扰石油勘探开发的首要问题和主要难题。油气勘探风险大、周期长，在一个有油气前景的盆地，从普查勘探到发现油气田，并形成一定生产规模，一般需要 9 年的时间，特殊盆地则需要反反复复 20 多年时间。为此，石油行业为了规避风险，保证未知区域油气勘探的成功率，一般都设有“风险勘探基金”。

2. 高科技

所谓石油高科技的“高”，是相对于常规技术和传统技术而言的，石油高科技概念并不是一成不变的，而是带有一种历史的、发展的、动态的性质。从世界石油勘探开发高科技的发展来看，高科技不是一个单项石油技术，而是石油科学、技术、工程最前沿的石油新技术群。这个群体的各种成分互相影响、互相补充、互相促进。同时，由于石油高科技与高技术产业连结在一起，形成石油科学、技术、生产一体化的体系，支撑石油勘探开发工程。另外，石油高科技不同于一般科技意义上的所谓“经验的积累”，而是基于石油科学的发现或创造而产生的科技。根本性的原因是：石油作为地下流体矿藏、天然气作为气体矿藏，决定了油气勘探开发过程必然是一个越来越难、越来越复杂的过程，必须不断地采用新技术、新工艺、新装备，才能提高油气资源的探明率和油田的采收率。

3. 高投入

石油勘探开发需要大量资金投入。以低渗透油田开发工程为例，20 世纪 90 年代初开发建设 1 万吨油田生产能力，资金投入 0.1 亿元，90 年代末建设相同生产能力需要 0.2 亿元，21 世纪初是 0.3 亿元，目前需要 0.5 亿元，也就是说建设 100 万吨的油田生产能力需要投资 50 亿元。在特殊盆地深层进行油气勘探，仅钻一口 6000 米的探井就需要 1 亿元，常规中等深度的探井需要 300 万~600 万元，海洋、非常规天然气勘探开发投资更大。有时随着油价的起伏、地下油气资源品位低，“高投入不一定有高回报”。为了保证基本的投入产出比例，实现较好的回报，科学决策、采用高技术就是必然的选择。

4. 高回报

石油勘探开发在理想情况下，“高投资可以实现高回报”，这也是石油勘探开发追求的目标。比如大庆油田在目前“高采出程度，高含水”的情况下，为了保持年产 4000 万吨，需要保持较高的资金投入，但同时大庆油田也实现了高回报。大庆油田是全国所有油气田中回报最高的油田。中东油气田是全球油气田开发回报最高的地区。按照资金流向的“洼地效应”，石油勘探开发投资一般首选投资效益较好的盆地(地区)和油气田。在目前高油价的情况下，投资低品位油气田、非常规油气田开发，依靠技术进步，也能获得较高的投资效益。

5.1.2 我国石油化学工业的发展历程

1. 中国近代石油化学工业概要(1860—1949 年)

尽管我国古代就在玉门等多处发现有石油，但由于长期的封建统治，经济实力薄弱，科技实力落后，特别是鸦片战争以来，受帝国主义入侵、国内战乱不断的影响，一直没有进行全面、系统的勘探，一些零星的有限勘探，也都没有找到大储量的油田，因此，当时世界普遍认为中国是个贫油的国家。1914 年美国德士古石油公司经理罗基斯在《美国实业发展史》一书中提到：“亚洲复地，包括蒙古高原，中国大部分及西藏大山脉，毫无石油蕴藏的可能”。由于没有勘探到大储量的油田和天然气井，近代中国依托石油天然气开发加工的石油化学工业几乎是一穷二白。可以说，近代中国工业的发展、交通运输业及国人生活所需的石油所提炼的化工品，基本上依赖进口。

在近代，石油勘探和采炼工作有所开拓的是玉门老君庙油矿。我国古代就发现玉门有石油，1928 年，甘肃省派张人鉴进行石油专门调查。1930 年，张人鉴在报告中说："石油河两岸，被冲成深谷……山城红色页岩下亦有墨色石油流出，油质颇浓厚，因名干油泉"。1937 年 6 月，中国煤油探矿公司筹备处组成西北地质试探队，由史悠明任队长、孙健初和美国卫楼博士参加。1939 年 3 月 13 日，根据孙健初的指导和定位，在玉门老君庙油矿开采第一号井，3 月 27 日开采出油。

四川是我国天然气开发利用比较早的地方，但一直限于用作煮盐和炊事的燃料。1947 年，四川省政府拟利用陇昌圣灯山的天然气建设年产 7 万吨硫酸铔的化肥厂，由著名化学家侯德榜制订计划，1948 年后国民政府行政院批准，但由于政府急于内战，没有资金投入建设，致使这项工程成了一纸空文。

日本帝国主义在 1905 年日俄战争后，侵占控制了我国东北抚顺煤矿，成立满铁会社，一方面掠夺煤矿资源，另一方面运用干馏技术将煤层上油页岩精炼出页岩油。1928 年，日本人在辽宁抚顺筹建"抚顺炭矿西制油厂(石油一厂前身)"，利用页岩干馏生产人造石油。到 1942 年共建成 140 台干馏炉及其配套工程，共生产出页岩油 27 万吨。在建成西制油厂后，日本侵略者又筹建"抚顺炭矿东制油厂"(石油二厂前身)，但至 1945 年只建成页岩破碎设施和 60 台干馏炉，仅对其中 40 台干馏炉进行了试生产。从 1942 年开始，还在吉林桦甸建立页岩干馏制油工厂，但系土法开采和干馏，产量极少。

1941 年，日本侵略者利用德国鲁奇公司技术，在"锦西制作所"建立煤低温干馏车间，1944 年建成鲁奇式干馏炉两座，但因炉体烧坏未能正式投产。日本侵略者还在抚顺建立了"煤液化加氢厂(石油三厂前身)"，在锦州建立了"煤气合成油厂(石油六厂前身)"，并在吉林省的吉林市、四平市建立了煤焦油加氢装置。由于煤炼油技术复杂，对设备要求高、投资大，到 1945 年日本投降时，除锦州煤气合成厂和抚顺煤液化加氢厂基本建成、处于试生产的初期阶段外，其他厂都未建成，更未形成一个完整的工业体系。另外，日本侵略者控制的石油株式会社，在台湾高雄建有日处理原油 7000 桶的炼油厂，在东北辽宁建有日处理 3000 桶的锦西炼油厂。这些炼油加工设备也基本在日本投降时被苏联红军拆卸后运回苏联。

新中国成立前夕，炼油生产装置大都遭到严重破坏，剩下能够继续运转的装置寥寥无几。到 1949 年，全国炼油厂的原油加工量只有 11.6 万吨，石油产品产量只有 8 万吨，其中，汽、煤、柴、润四大类油品(指汽油、煤油、柴油、润滑油)产量只有 3.5 万吨。

到 1949 年年底，全国有机化工原料的总产量仅有 900 吨。

综上所述，近代中国石油天然气的勘探开采以及依托石油天然气进行加工的化学工业基本上是空白，真正开始大规模开展石油天然气的勘探开采以及相关化学的开发发展，则是在新中国成立以后。

2. 新中国石油化学工业发展概要

1）奠基阶段

A. 石油炼制工业的恢复和发展

新中国成立后，中国共产党和人民政府十分重视石油炼制工业的恢复和发展。1949 年 10 月，中央人民政府成立了燃料工业部，领导石油工业部门从十分薄弱的基础上起步，组建科研设计队伍，组织和恢复生产。1951 年 10 月，燃料工业部石油管理总局与商业部石油公司联合在北京市劳动人民文化官举办了第一次全国石油展览会，朱德为展览会剪彩并致词。展览会期间，毛泽东、周恩来、陈毅、刘伯承、王震、彭真等领导人先后到会参观，并指出发展石油工业的意义。1949—1957 年，根据当时原油生产状况和国防建设与国民经济对石油产品的迫切需要，石油炼制部门一面修复、改造和扩建原有老厂，一面依靠国内力量和从苏联引进技术与装备，建设了几家新的炼油厂，同时加强科研设计力量，从事新产品试制工作，使中国石油炼制工业迅速得到初步的发展。1950 年 4 月，中央人民政府燃料工业部在北京召开了全国石油工业会议，依据当时全国石油资源勘探开发的实际情况和人力、物力、财力等条件，确定了“大力勘探天然石油资源，同时发展人造石油。长期、积极地努力发展石油工业”的方针。

a. 人造石油的恢复生产

石油炼制部门以东北为重点，抓紧对几个人造石油厂进行修复和扩建，利用该地区丰富的煤炭和油母页岩资源，迅速恢复了人造石油的工业生产。1948 年 10 月抚顺解放后，抚顺矿务局接管了当地各石油厂，并拨给资金，调配干部和工程技术人员，迅速开始了抚顺页岩油工业的恢复建设。当时设备器材和技术人员都极其缺乏，恢复工作十分艰难。但在党和人民政府的领导下，大力组织，广纳人才，充分发动群众，依靠老工人的经验，发挥技术人员的作用，到 1954 年即实现了分期分批逐步恢复的计划。

首先进行的是西制油厂的恢复工作。1952 年，该厂由当时的东北石油管理局命名为石油一厂。岩油炼制加工装置也全部修复投产，为市场提供了汽油、轻柴油、重柴油、石蜡、油焦、润滑油脂等产品，对缓和当时国内石油产品的供需矛盾起到了积极的作用。其中军用润滑油、润滑脂等产品还支援了抗美援朝战争。

东制油厂在新中国成立前遭受破坏最为严重，工厂几成废墟。新中国成立后，也立即开始修复工作。后来由于抗美援朝战争开始，工厂修复工作一度中断，到1952年又继续进行修复工作，并命名为石油二厂。1952年重新开始全面恢复生产的准备工作，先后拟定了1952—1957年基本建设计划，后又修改为1953—1957年恢复工程计划。为了确保石油二厂修复工程计划的实现，东北人民政府工业部石油管理局从石油一、三、六厂等单位调给石油二厂600多名工人、工程技术人员和管理干部，抚顺市劳动局又调来260多名工人，加上原有的干部和工人，到1952年末，全厂职工总数达到1500多人。1953年5月，中央燃料工业部正式批准恢复石油二厂3个部60台干馏炉和辅助设施的建设。随即页岩破碎、干馏装置、水源地、变电所、动力锅炉等恢复工程陆续开工。

在恢复建设石油一厂、石油二厂的同时，还对石油三厂（原抚顺石炭液化加氢厂）进行了修复改建工作。该厂是日本侵略者于1939年建成的烟煤液化高加复生产航空汽油的试验工厂，但因液化加氢系统始终不能正常运转，而且多次发生爆炸，被迫停止生产。日本军国主义投降时，加氢装置已全部停产，同时又把技术资料销毁了。国民党占领时期，又将部分仪表、设备拆毁了，再加上技术要求高，给加氢生产的恢复带来了相当大的困难。

新中国成立后不久，中央财政经济委员会工业视察团来到抚顺视察，视察团团长刘鼎、化工组组长顾敬心经过调查认为，这个厂是我国唯一的高压加氢工厂，虽然损坏严重，但当时在国内仍是极为可贵的，并且页岩原油加工生产的各种石油产品，由于稳定性差、含硫量高，需要经过加氢工艺加工，才能生产出航空汽油等优质石油产品。另外，还可通过修复这个厂来积累经验、培养人才，为以后炼油加氢工艺技术的发展创造条件。因此，结论是应该修复。

1950年1月26日—2月7日，中央重工业部在北京召开第一次全国化学工业会议。会议期间，对石油三厂加氢装置应修复问题专门开了两次小组会，决定由中央重工业部通知东北人民政府工业部进行修复。1950年3月，东北人民政府工业部批准了修复计划。随着石油一、二、三厂的恢复和发展，抚顺石油研究所、抚顺石油设计院、抚顺炼油厂建设工程公司、抚顺石油学校、抚顺石油机械厂等单位相继成立，使抚顺成为中国最大的人造石油基地。

日本帝国主义侵占中国东北时期，曾在辽宁锦州建立起一座以水煤气为原料的常压钴催化剂合成制油工厂，但至1945年，合成反应炉只建成不足四分之一，已建成的原料煤气发生炉一半在试运时烧毁，一半在烘炉时发生护砖龟裂，始终未能正式运转。1948年10月锦州解放后，东北人民政府化工局接管了这个厂

(后命名为石油六厂)，并开始集中人力整理资料，收集散失的器材，寻求短缺的设备，积极进行钴催化剂的研制，恢复生产。

石油六厂是中国20世纪50年代唯一的一家水煤气合成液体燃料工厂，虽然生产规模不大，产品成本较高，1960年大庆油田投入开发后又改建为天然原油加工厂，但它在生产建设中培养出了一批专业科技人才，为该厂后来生产顺丁橡胶和各种由占添加剂做了技术上和人才上的准备，并为其他石油化工厂输送了技术骨干。

b. 天然石油炼制工业的恢复生产

新中国成立时，全国在玉门、延长、独山子、大连、锦西等地有5个天然原油加工厂。玉门炼油厂是新中国成立初期全国较大的天然原油炼油厂、年加工能力为14万吨。1949年9月玉门解放前夕，炼油厂职工在地下党组织的领导下进行护厂斗争，使设备器材全部保存下来，未受损失，生产、基建也没有停顿，解放后很快就进入发展阶段。

玉门油矿是第一个五年计划期间石油工业建设的重点。为了加强勘探，广泛采用“五一”型地震仪和“重钻压、大排量”钻井等新技术，先后发现了石油沟、白杨河、鸭儿峡油田，老君庙油田也扩大了含油面积，并开始按科学程序进行全面开发，采取生水和系列井下作业等措施。玉门油田在开发建设中取得的丰富经验，为当时和以后全国石油化工的发展提供了重要借鉴，培养了一批天然原油加工的技术人才，支援了其他炼油厂的建设，并形成了著名的“玉门风格”，为发展石油化工工业立下不可磨灭的功绩。

独山子炼油厂在1949年9月新疆和平解放时，仅有两个9平方米的单独蒸馏釜勉强维持生产，年加工能力仅有几千吨。1950年3月，中国政府同苏联政府签订了成立中苏石油股份有限公司共同开发独山子石油资源的协定。1955年1月，中苏合营结束，由中国独立经营。此后几年，随着克拉玛依油田的开发投产，独山子炼油厂的加工能力进一步扩大，原油由管道直接输入。

大连的炼油厂自抗日战争胜利后，由中苏合营的火油股份有限公司组织恢复工作，1951年1月1日，中苏合营结束，交由中国经营(后命名为石油七厂)，继续加工苏联原油。同年，恢复了热裂化、酸洗、再蒸馏和沥青焦化等装置。1952年，石油七厂生产扩大，一些石油产品还支援了抗美援朝战争。

从1953年起，锦西炼油厂(后命名为石油五厂)的天然原油加工设备也开始修复，炼制由苏联进口的原油。

上述4个老炼油厂经过解放后的恢复和扩建，生产能力大幅度提高，解放前的那些陈旧设备逐步被更新和改造，产品质量也得到改善。越来越多的石油产品从这些炼油厂输往全国各地，有力地支援了祖国社会主义的经济建设和国防建设。

c. 上海炼油厂的建设

上海是中国最大的工商业城市，需要大量的石油产品。早在19世纪初，世界近代炼油工业就在欧美各国建立和发展起来，随着垄断资本的产生，世界石油市场均为美、英石油公司所垄断。美、英石油商觊觎着中国的沿海口岸和内地城市，为推销“洋油”竞相设立“油栈”“经理处”和“代理店”等，以榨取巨额利润。

1929年，英商亚细亚石油公司和美商德士古公司，就在上海浦东高桥“老鼠沙(现江心沙路一带、系上海炼油厂厂址所在地)”强行圈地建造油池，当地乡民聚集数百人阻止其修造，各团体也纷纷抗议。可是，当时的政府不但不顾及国家主权，反而派出所谓“保卫团”驱散民众。后来各团体又多次交涉，均无结果。“洋油”长驱直入，强烈地刺激着中国市场，使中国进出口贸易总额大量入超，白银源源不断外流，加深了国家和人民的贫困。

1937年“八·一三”事变爆发，日本帝国主义侵占上海后，日本丸善石油株式会社凭借军国主义势力，于1938年在高桥地区强行占地19.8公顷，建设储油所，并在天灯口(现江心沙路上海炼油厂厂区)附近，建立丸善石油株式会社上海制油所，设有3套调制废机油处理设施，从事提炼石油制品、润滑油处理和再生等业务，专供日本海军使用，为此遭到美机轰炸，大部分设备被毁。

1945年，日本投降后，国民党政府鉴于上海的石油产品需要量占全国的近半数，其他地区用油亦多经上海转运，故授权经济部资源委员会接收上海的敌资工厂。1945年11月22日，将丸善石油株式会社、出光油槽所、大华石油联营会社3家合并组建上海炼油厂，并派工程师邹明任上海炼油厂厂长，该厂隶属资源委员会甘肃油矿局领导。但是，国民党内部在接收资产问题上勾心斗角，争权夺利，并受到国民党军队的阻挠，直至1946年5月，资源委员会上海炼油厂筹备处对敌资产接收工作才宣告结束。当年7月，资源委员会奉国民党行政院令组建中国石油有限公司，并增设上海营业所。原上海炼油厂东西两厂均归属该所领导，西厂更名为高桥储油所，东厂更名为上海营业所东厂。

1948年，中国石油有限公司在分析资金、工业环境和市场情况的前提下，努力降低成本、节省外汇，以巩固公司经济基础。4月5日，该公司向经济部资源委员会提出《新建上海炼油厂计划书》，着手从美国订购日炼原油200吨的炼油设备两套。但是，这项建厂计划被美孚、亚细亚、德士古石油公司得知后，横加反对，并通过美国驻华大使馆向国民党政府提出抗议，施加压力。国民党政府慑于淫威，取消了上海炼油厂的建厂计划。订购的成套设备，一部分供油库建设和玉门炼油厂使用，一部分被转卖，筹建中的“上海炼油厂”终于夭折。

1949 年 5 月 27 日，上海解放了。中国人民解放军接管了国民党资源委员会中国石油公司，当年 8 月 25 日，上海市军管会为粉碎帝国主义的禁运政策，解决急需油品的困难，决定成立“上海炼油厂建厂委员会”。从此，上海和华东地区的炼油工业开始建设和发展起来。

新中国成立初期，上海炼油厂仅有 6 座小油罐、4 座旧仓库以及相当简陋的处理废机油设施和化验设施，要在这样一副烂摊子上建造一座炼油厂谈何容易。一方面，帝国主义对我国实行经济封锁，资料缺乏、设备没有、资金不足；另一方面，当时中国除东北地区、台湾高雄以及玉门有几家小炼油厂外，整个华东与华北地区没有炼油工业，而国家又急需石油产品。面对这种情况，上海炼油厂职工自力更生，解决了上海地区的用油问题。

1953 年下半年，该厂开始改造扩建炼油装置。这一扩建工程是新中国成立后，依靠自己力量兴建的第一个炼油工程，称为“01 工程”。“01 工程”中的主体工程主要包括蒸馏工程和裂化工程，辅助工程主要包括洗涤装置和迭合装置。在当时的情况下，物质条件和技术条件都很艰苦，但在中国共产党的坚强领导下，上海炼油厂职工和负责“01 工程”的石油管理总局设计局的工程技术人员密切配合，克服了一个又一个困难，经过短短一年紧张的施工、安装，“01 工程”胜利完工。

d. 中国第一个大型炼油厂的建设

新中国成立不久，国家在制定第一个五年计划时，为了改变石油产品依赖进口的局面，解决国内油品的供应，决定从苏联引进技术和设备，建设一座大型现代化炼油厂。因当时探明的原油资源主要分布在西北，在对十几个候选厂址的细心勘测和反复比较后，确定在甘肃省兰州市西固区建厂。

兰州炼油厂作为苏联援建的 156 项重点工程之一，全部生产装置和主要辅助设施都由苏联设计和提供。我国燃料工业部和石油管理总局对兰州炼油厂的建设十分重视，采取了许多重大的措施：①工程的主要设备和材料由苏联提供，国内 100 多个厂家通力协作提供配套器材。②国家石油工业管理机关在配套设计，施工安装、生产准备和组织职工队伍等方面做了大量工作。

为了培养中国自己的工程设计队伍，石油设计局以兰州炼油厂的建设工程为中心任务。在苏联专家的指导下，组织绝大部分力量负责进行全厂系统工程和生产装置的土建工程设计工作。设计局的技术人员自始至终配合苏联专家在现场进行设计修改、材料代用和施工质量检查等工作，保证工程建设顺利开展。同时，石油管理总局还选拔出135名技术骨干和领导干部，先在国内进行俄语培训后，送往苏联有关炼油厂、设计院、研究院和建设安装单位进行培训实习，为兰州炼油厂的建设施工和开工生产作准备。承担施工安装任务的建设队伍，也是由石油工业部从上海、玉门、大连等地抽调力量，进行培训，组成施工队调到兰州的。

在当时的技术条件下，兰州炼油厂的工程建设任务是相当艰巨的。它的建成投产标志着中国石油炼制工业进入了新的发展时期，为中国炼油工业培养人才和全国炼油工业的发展发挥了基地作用。

B. 石油炼制科学技术的初步发展

1949—1957年，随着中国人造石油和天然原油炼制工程的恢复和发展，石油炼制在科研、设计、生产、新产品开发、炼油催化剂和石油产品运设施建设等方面，也都相应地得到了初步发展，取得了明显的进步。

a. 石油炼制工艺技术

在旧中国，石油炼制工业不仅规模很小，而且工艺技术水平很低。新中国成立后，经过三年恢复和第一个五年计划，这种落后的局面开始有所改变。

在原油评价方法和加工流程技术方面，新中国成立后不久，石油炼制部门即组织力量，开始建立中国自己的原油评价方法，对国产的各种天然原油、页岩油、煤焦油等做了系统的分析评价，为合理利用这些资源提供了科学的依据。配合这项工作，还相应建立了近代分析的方法手段，如联合散射光谱、红外光谱、紫外光谱、色谱、吸附分离密分馏、电子显微镜、差热分析等。在此基础上，配合老厂恢复、扩建和新厂建设，又进行了原油加工流程的研究和制订，并建立起必要的设备和中小型试验装置，初步掌握了制定原油加工的流程方法。

在天然原油加工和技术方面，由于科研、设计、生产单位的共同努力，通过技术攻关和老厂恢复改造与兰州炼油厂的建设，取得了一些比较重要的成果，为1960年以后自力更生建设这些工业生产装置、发展炼油新技术打下了基础。此外，在页岩油加工技术和水煤气合成液体燃料方面，这一时期的成就也很显著。

b. 石油产品品种和催化剂、添加剂

新中国成立前夕，中国石油炼制工业只能生产12个品种的石油产品。新中国成立以后，为了适应国防建设和国民经济各部门对石油产品种与质量的要求，各炼油厂同科研单位合作，积极开展石油新产品的研制开发工作。在这一期间，石油新产品的研制开发是紧紧围绕国防建设、工农业生产、交通运输业的紧迫需要进行的，有的还收到明显的社会经济效益。在研制开发石油新产品中，各炼油厂还注意合理利用石油资源，为化工、轻工提供更多的原料和辅助材料。

与开发石油新产品、发展炼油加工技术的需要相适应，中国石油加工催化剂和油品添加剂的科研事业与制备工业在这一时期也开始起步，并取得了初步的进展。此外，石油炼制科研单位结合炼油发展的要求和趋向，除开展催化剂及其单体的表面性质与体相结构等方面的探索研究外，还对用于催化重整的铂催化剂、用于芳构化的铬催化剂、用于催化裂化的硅酸铝催化剂进行了实验室研究或扩大试验，对重要的添加剂也进行了一定规模的研究试制和性能评定工作。这些都为20世纪60年代中国炼油催化剂、油品添加剂的大规模开发积累了数据和经验。

c. 石油和石油产品储运的进步

石油和油品的储运，是石油炼制工业的一个重要环节。新中国成立以前、美孚、亚细亚、德士古三大外国石油公司，控制着中国97%的加油站和72%的储油罐(以吨位计算)。新中国建立以后，国家兴建了大量的储油设施，“一五”计划胜利完成后到1959年底，全国商品油库总容量已相当于新中国成立前的3.2倍。

总的说来，从新中国建立之初到第一个五年计划实施完成的1957年，中国石油炼制工业在恢复生产和初步发展中，成就是巨大的，发展是迅速的。尽管由于当时处于初创时期，基础差、起点低，加上原油产量不足，石油产品的自给率仍很低，未能根本扭转石油产品严重短缺的局面，石油炼制的技术水平也不够高，但是在短短不到10年的时间内取得上述成就，仍然是旧中国根本无法比拟的。尤为重要的是，这近10年的艰苦创业所取得的初步经验，这近10年恢复和发展所建设起来的生产企业和取得的技术成果，以及初步形成的生产、科研、设计、施工、教育等方面的队伍，都为1958年以后中国石油炼制工业的大发展奠定了基础，准备了物质、技术和人才条件。

2）工业体系形成及曲折发展阶段

A. 大庆石油会战的胜利

根据中央批示，1960年3月，一场关系石油工业命运的大规模石油会战在大庆揭开了序幕。国务院有关部、委和省、市给予了大力支持，中央军委抽调3万多名复转官兵参加会战。全国有5000多家工厂、企业为大庆生产机电产品和设备，200个科研设计单位在技术上支援会战，石油系统37家厂矿院校的精兵强将和大批设备物资陆续集中到大庆。

大庆石油会战是在困难的时期、困难的地区、困难的条件下展开的。当时，由于“大跃进”和“反右倾”错误造成的危害，加上自然灾害和外援的中断，国家能拿出的投资很少。但是，为了国家和人民的根本利益，为了解决国家缺油的状况，只能迎着困难上。“宁肯少活 20 年，拼命也要拿下大油田”，这成为当时会战职工的豪迈誓言。1205 钻井队队长王进喜，就是当时这种精神和品格的代表人物，他提出“有条件要上，没有条件创造条件也要上”，当地群众称他是个“铁人”。

1960 年 6 月 1 日，大庆第一列列车原油外运，标志着大庆石油会战取得阶段性胜利。

B. 突破大庆原油的加工关

大庆油田投入开发，原油产量迅速增长，这是一件大好事。但是，大庆原油含蜡量高，凝固点高，轻油含量少，重油含量多，与以往的玉门、新疆及苏联原油具有不同的特点。因此，如何尽快突破大庆原油的加工技术，便成为石油炼制工业面临的一个关键问题，由于国内市场对石油产品的紧迫需要，被迫在对大庆原油没有完成全面评价的情况下，就开始在大连石油七厂进行炼制加工。

1960 年 10 月，第一列满载大庆原油的火车直达大连石油七厂。但是，由于缺乏经验，加之时间紧、任务急，思想上和技术上准备不足，所以在试炼初期遇到了许多困难。石油部对此极为关注，1961 年 2 月末，决定在石油七厂开展大庆原油加工会战，石油部对会战的要求是：认真贯彻“调整、巩固、充实、提高”的八字方针，整顿作风加强管理、健全制度，切实解决技术问题，尽快把生产搞上去。

会战初期，首先从形势教育入手，做深入细致的思想政治工作。在发动群众的基础上，针对大庆原油的性质，结合石油七厂的具体情况，实事求是地修订了各项工艺指标，制订了一套切实可行的加工方案，并实行严格的统一指挥，建立了各项责任制(包括岗位责任制)，规定了各级干部与工程技术人员的职责范围。在生产操作上，狠抓了四个统一(统一思想、统一指挥、统一操作、统一指标)”，严格工艺纪律和交接班制度。

在会战过程中，石油部的领导多次到现场检查、指导工作。经过全体人员 40 多天的艰苦奋战，1961 年 4 月 20 日会战胜利结束。会战的结果，突破了大庆原油的加工关，证实了大庆原油不仅能生产燃料油品，而且能生产润滑油，这对满足国民经济和国防建设对油品的需要起了很大的作用，在中国石油炼制发展史上写下了难忘的一页。

3）高质量快速发展阶段

A. 石油炼制工业排除困难不断前进

1966 年开始的“文化大革命”，使石油炼制工业的发展受到极大的干扰、破坏。特别是“十年动乱”对科研、设十事业的破坏，使“文化大革命”前已经缩小的同国外石油炼制生产技术水平的差距又拉大了。另一方面，国民经济状况进一步恶化，能源供应越来越紧张，迫切要求增加石油和石油化工产品生产，石油化工行业承受着巨大的压力。

“文化大革命”开始之前，根据当时大庆油田原油产量的增长趋势和胜利、大港等新油田的勘探开发状况，石油部就已规划扩建一些老厂和建设一批新的炼油厂，并做了一系列前期准备工作。因此，即使在“文化大革命”的动乱情况下，经过石油战线广大职工的努力，仍有一批新建或扩建的炼油厂陆续建成投产。

a. 新建炼油厂

1966 年 4 月，即胜利油田投入开发的第二年，胜利炼油厂在山东动工建设。由于大部分设计工作和施工准备都是在“文化大革命”开始前完成的，而且大批设计和科研人员在建设过程中，始终坚持在现场与施工和生产人员共同攻关，所以建设速度快，投产也比较顺利。

1966 年 3 月，中共中央和国务院批准北京市建设一座大型炼油厂，规模为 10 万吨/年，时任中共中央总书记的邓小平在文件上签字。“文化大革命”运动开始后，鉴于国内、国际形势，炼油厂的建设目标由解决化纤生产的原料问题，改为以满足首都和华北北区燃油需求为主。

1967 年 1 月，石油部北京设计院综合设计室完成了初步设计。2 月 14 日，国家计委在给石油部《关于建设北京炼油厂问题的复函》中，将原油加工能力由 100 万吨/年提高到 250 万吨/年，列入 1967 年国家计划。3 月 14 日，石油部成立东方红炼油厂筹建处。4 月 11 日，石油工业部在审查扩大初步设计时，考虑到大庆原油产量迅速增长的情况，改为主要加工大庆原油为主，并根据国家“三五”计划期间全国润滑油产销情况，增建年产 15 万吨润滑油及 5 万吨石蜡的联合装置，并于 7 月 5 日批准引进一套罗马尼亚成套润滑油装置(后来只引进部分仪表、设备)。5 月 3 日，由石油部机关、北京石油设计院和兰州炼油厂等单位人员组成的筹建队伍正式进驻施工场地。1968 年 8 月，北京石油设计院设计的北京东方红炼油厂正式动工建设，到 1969 年 9 月生产出合格产品，结束了北京不生产石油产品的历史。

坐落在湖南岳阳附近的长岭炼油厂，于 1965 年开始筹划，直到 1969 年 4 月才正式破土动工，至 1971 年 5 月投入生产。

1970 年，湖北的荆门炼油厂随江汉油田的开发而建设，设计工作也在现场进行。1971 年初，该厂生产转入正常。

第四个“五年计划”期间，只是由某些省、市以及化工、冶金、农垦等部门建设了一批中、小型炼油厂，如天津的第一石油化工厂(1970 年)、辽宁的盘锦炼油厂(1971 年)、吉林的前郭炼油厂(1972 年)、辽宁的鞍钢炼油厂(冶金部建设，1973 年)、黑龙江的林源炼油厂(农垦部建设，1973 年)、山东的济南炼油厂和河北的沧州炼油厂(1975 年)以及哈尔滨市的哈尔滨炼油厂(1976 年)等。一些油田也附建了小型炼油厂。

从 1976 年开始，才又有一批比较完整的大型新炼油厂建成投产。如天津的天津石油化工厂、吉林的化学工业公司炼油厂、安徽的安庆炼油厂，均在 1976 年投产；湖北的武汉石油化工厂，1977 年投产；广东的广州石油化工厂、浙江的镇海炼油厂，1978 年投产；新疆的乌鲁木齐炼油厂，1978 年底投产。此外，还安排了九江、石家庄、洛阳等炼油厂的建设。

b. 输油管线建设与老厂扩建

由于 20 世纪 70 年代原油产量迅猛增长，铁路无法承担全部原油的运输任务，因而必须建设长距离原油输送管线。1970 年，石油部开始建设大庆至辽宁铁岭的原油管道(后延至抚顺)，输送能力每年为 2000 万吨，于第二年建成投运。在取得这一成功经验的基础上，陆续建成一批输油管线，1972 年建成抚顺至鞍山线，1973 年建成铁岭至秦皇岛线和新疆克拉玛依至乌鲁木齐线，1974 年建成大庆至铁岭线(复线，年输送能力也是 2000 万吨)，1975 年建成铁岭至大连、秦皇岛至北京线，1976 年建成任丘至北京线，1978 年建成胜利油田至江苏仪征线。这些原油输送管线的建设，大大改变了主要依靠铁路的原油运输结构，同时也为江海水运创造了条件。

原油长距离输送管线的建设，为老厂扩建提供了十分有利的条件。因此，一些原油长距离输送管线连通地区的炼油厂，只花费较少的时间和投资，就迅速扩大了生产能力。随着原油江海水运的发展，上海、南京、长岭等炼油厂的加工能力也有所扩大。

通过建设新厂和改造扩建老厂，在 1966—1978 年这段时间内，全国原油生产能力增加，石油炼制工业在全国的布局也得到改善，东部沿海、长江中下游、华南沿海以及华中、西北地区，都有了相当大的原油加工能力。沿海炼油厂生产能力扩大后，还为石油产品出口提供了方便。

但是，在“十年动乱”期间的新厂建设和老厂扩建中，由于总的社会环境和政治条件的影响，也有若干失误与后遗症。但是，总的看来，在“文化大革命”的“十年动乱”期间，这些失误与后遗症是难以避免的，也是“文化大革命”结束后可以逐步修补改造好的。

B. 石油化工在中国的崛起

石油化工是20世纪50年代发展起来的一门新兴工业，它以石油和天然气作原料，生产有机化工原料、合成树脂和塑料、合成橡胶、合成纤维、合成氨和其他化工产品。由于它既是生产"生产资料"的重工业，又是生产"生活资料"的轻工业，因此，它对工农业生产、国防工业建设，对提高和丰富人民的日常生活，对整个国民经济的发展，均有着重要作用。所以当这门工业问世之后，即引起各个国家，特别是一些发达国家的重视。新中国在一穷二白的底子上，依靠各级领导干部、科技人员和石油化工工人的团结奋斗，在克服"大跃进"和"文化大革命"带来的破坏和影响下，建立我国整套石油化工体系，技术日臻完善，产品产量日益增长，产品品种日益增加，应用范围日益扩大，在国中占有重要地位。

a. 发展石油化工的客观要求和物质准备

1949年新中国成立后，为了迅速改变旧中国一穷二白的落后面貌，从1953年起，开始了第一个五年计划的建设。在化学工业方面，中共中央从中国人口多、耕地少，解决几亿人民吃饭穿衣这个头等大事出发，着重指出：化学工业是促进农业和其他行业发展的主要因素，应在积极发展化肥工业的基础上适当发展酸、碱、橡胶、染料等工业。由于中国化学工业原有基础薄弱，而第一个五年计划化学工业的主要任务是发展化学肥料，所以，第一个五年计划实施后，在有机合成化学工业方面基本上仍是空白点。化学工业本身所需要的有机合成化学原料，也大部分得不到解决，所以化学工业仍处于落后状态，化工产品远远不能满足工业、农业、国防工业、轻纺工业和人民生活的需要，许多化工产品还要依靠进口。

从国民经济发展的客观需要以及20世纪50年代国外利用石油气体作原料发展石油化工的成功经验看，中国化学工业必须加快发展速度，在原有的原料路线和产品结构的基础上，进一步开发新品种，采用新原料（石油和天然气），开拓石油化学新兴工业。

1956年，中共第八次全国代表大会正式提出了要发展有机合成化学工业的指示。按照中央这个指示的精神，从1956年开始，上海、北京、沈阳等地根据国家制定的十二年科技发展规划，相继开展了石油化工的科学研究工作。1957年，化学工业部在拟定化学工业第二个五年计划发展纲要中提出，要在第二个五年计划期间建立有机合成化学工业的初步基础。在有机合成化学工业各部门中，首先要建立原料基础，主要发展塑料工业，对需求量大的酚醛、聚氯乙烯等塑料，在数量上要有较大发展；要求在第二个五年计划末期，主要产品大部分能在国内生产，基本上消灭有机合成化学工业领域的空白点。在纲要中还具体提出，配合石油工业，在兰州、抚顺建立以石油气为原料的有机合成工厂，生产合成酒精。这个发展纲要，为发展石油化工描绘出了新的蓝图，得到了国家批准。

b. 石油化工的起步

20 世纪 60 年代初，随着原油、天然气开采量的迅速增长和炼油能力的逐年提升，使炼油过程中伴随产生的石油加工气越来越多，为石油化工的发展提供了原料。

（1）第一套利用炼厂气生产乙烯和石油化工产品的装置建成投产。

第 1 个“五年计划”期间，中央考虑到化学工业的合理布局以及当时探明的石油资源分布在西北这个条件，决定将苏联援助建设的 156 项工程中的一座化肥厂和一座合成橡胶厂建在兰州地区。1956 年，这两个厂同时破土动工；1957 年，根据中央关于化学工业要综合利用资源，改变单一品种、向综合化工生产基地发展的指示，决定将两厂合并，成立兰州化工厂。兰州化肥厂于 1959 年 3 月建成投产。兰州合成橡胶厂于 1959 年底建成。为了促进兰州化学工业的发展，1960 年 10 月，中央决定在兰州化工厂的基础上扩大编制，成立兰州化学工业公司（简称“兰化公司”）。由于三年自然灾害和苏联停止援助的影响，使中国国民经济和人民生活处于双重困难的局面。在资料不全、经验不足的情况下，工程技术人员千方百计想办法，查阅国外技术资料，进行试验研究，终于在 1961 年底完成装置建设，1962 年元旦试车投产，1962 年 5 月和 8 月，生产出第一批本体法聚苯乙烯和国防上需要的丁腈橡胶，由此揭开了中国石油化工生产的帷幕。

（2）在吸收国外技术的基础上，自行设计建设乙烯装置。

在化学工业部编制的第个五年计划纲要中，明确提出了利用上海炼油厂的炼厂气为生产聚苯乙烯塑料的原料。为了实现这个计划纲要，1957 年在上海成立了高桥化工厂筹备处，决定将化工厂建在上海炼油厂附近，按照每年炼制原油 50 万吨排出 2.7 万吨炼厂气的综合利用方案，提出设计任务书。设计方案经国家批准后，于 1959 年开始对石油气裂解、分离装置和乙烯利用生产装置进行设计，后来正遇上三年困难时期，原基本建设计划被迫推迟。1962 年 12 月，高桥化工厂建成国内第一套自行设计的石油气裂解制乙烯生产装置，由裂解、压缩、吸收分离和加氢提纯等主要工序组成。

c. 石油化工的发展

1962年初，正当中国建成第一套利用炼厂气为原料的裂解、分离乙烯装置并投入生产的时候，国外石油化工已迅速发展。因此要想多生产乙烯，发展三大合成材料和石油化工产品，必须改变生产原料，用馏分油代替炼厂气，才有可能使乙烯生产趋于正常。

(1)第一个石油化工基地的形成。

为了解决乙烯装置的原料问题，兰州化学工业公司做了多方调查和试验研究：要发展石油化工，多生产乙烯，就面临着选择重油作裂解原料的技术问题。

其一，引进砂子炉裂解重油制烯烃技术和成套设备。这套装置终于在1970年初试车成功，投油运转，在国内首次实现了重质油裂解制烯烃的工业化生产。

其二，引进5套石油化工、化纤装置。

1964年，国务院根据兰州化学工业公司发展石油化工的有利条件及其生产发展的需要，在砂子炉装置建设的同时，决定从英国引进的5套石油化工、化纤装置也建在兰州化学工业公司，以便配套成龙，加速石油化工的发展。

从此，兰州化学工业公司按照石油化工的流程安排生产，促进了生产大发展。至此，兰州化学工业公司以综合利用原油为特点。生产合成材料、化学肥料和有机化工产品的石油化工基地已经全面形成。兰州化学工业公司作为中国第一个石油化工基地，在它的建设和发展过程中，为中国石油化工的诞生、起步和发展做出了重要贡献；在出产品、出技术、出人才、出经验等方面，发挥了重要的先导作用。

(2) 自力更生地发展石油化工。

20世纪60年代初期，石油化工科研工作不仅取得了一批成果，而且在初期引进装置的建设和生产过程中，锻炼了一大批石油化工的科研、设计、建设和生产技术人才以及管理干部，为中国自力更生发展石油化工奠定了技术基础。

北京石油化工总厂(后改为北京燕山石油化工公司)是用自己的技术较早建设起来的石油化工企业。1969年9月23日，北京市、化工部、石油部联合向国务院上报了《关于东方红炼油厂进行石油化工综合利用的报告》(简称“九二三方案”)，建议建设24套石油化工装置，利用炼油厂的石油气、苯和轻汽油生产化工产品。国务院批准了该报告。广大职工奋战3年，建成4个石油化工厂：胜利化工厂、曙光化工厂、东风化工厂和向阳化工厂。以上4个化工厂都是利用国内的科研成果，自行设计、自行安装的以综合利用炼油厂副产石油气为特点的第一个大型石油化工联合企业。

1970 年，齐鲁石油化工公司在 1967 年建成投产的炼油厂基础上，又建成了国内第一套以炼油厂尼气生产合成纸利尿素的大型工业装置。1972 年 10 月初工程安装竣工，在单机试车的基础上，进入了联动试车。12 月 26 日生产出了合格的合成氨。自此，经过 2 年零 8 个月的艰苦奋斗，合成氨厂胜利建成投产。1973 年 3 月 24 日，产出第一批尿素。至此，合成氨厂全部投产。

20 世纪 60 年代初到 1972 年，利用炼油厂石油气作原料，中国建设了 20 多套大中型石油化工装置。在石油化工开发、设计、建设和生产过程中，国内培养造就了一大批石油化工专业技术人才和管理干部，积累了一定的经验，为进一步自力更生发展中国石油化工创造了条件；为 70 年代引进的大型石油化工装置的消化、吸收、改造和创新打下了基础。

4）进入新世纪阶段

A. 新中国石油化学工业高质量快速发展阶段整体情况

1978 年 12 月，十一届三中全会做出了“从 1979 年起，把全党工作重点转移到社会主义现代化建设上来”的战略决策，条条战线都出现了前所未有的大好形势。石油战线的广大职工经过艰苦努力，战胜了“十年动乱”带来的严重困难，石油工业从此进入了一个新的发展时期。

为了多元发展石油工业，我国于 1982 年成立了中国海洋石油总公司，1983 年 7 月，中国石油化工总公司成立。1988 年 4 月，第七届全国人民代表大会第一次会议审议通过了《国务院改革方案》，决定把石油部改建为中国石油天然气总公司，并将所属的中国海洋石油总公司分立。同年 9 月 17 日，中国石油天然气总公司成立。自此，中国石油工业基本上形成了以陆上、海洋、石化三大公司为基础、分工较为明确、各自独立经营的格局。

1998 年，中央决定实施石油石化战略大重组，通过行政性资产划拨和互换，将原石油天然气总公司和石化总公司改组为两个大型石油石化集团公司，实现上下游、产供销、内外贸一体化经营。三大石油公司基本实现了从政府向企业的转变，为后来两大集团内部重组和上市奠定了基础。

1999 年，中国石油、中国石化和中国海油按照“主业与辅业分离、优良资产与不良资产分离、企业职能与社会职能分离”的原则，开展企业内部重组，组建了各自的股份公司。2000 年和 2001 年，三家股份公司先后在海外成功上市，成功走上国际资本市场的大舞台。

从 1978 年至 20 世纪末，新中国石油化学工业进入高质量快速发展阶段，为我国经济社会发展和综合国力的提高做出了卓越贡献。

总之，1978—2000年，伴随中国改革开放的进程，中国石油化工一扫“文化大革命”动乱及闭关锁国所带来的混乱、技术落后局面，迈上了健康、优质的高速发展之路。

B. 进入21世纪的新中国石油化学工业整体情况(2001—2009年)

进入21世纪的新中国石油化学工业，在全体石油化工行业干部和员工的团结协作、锐意进取和顽强拼搏下，实现了科学发展、跨越式发展，取得了辉煌成果。

其一，经济总量持续高速攀升，石油化学工业成为国民经济的重要基础产业和支柱产业，中国成为世界第石油和化学品生产、消费大国。

其二，基础设施更趋完善，管道运输突飞猛进。在党中央、国务院的关心和全国人民的支持下，先后建成投运了西气东输一期工程、西部原油成品油管道、陕京线和陕京二线、涩宁兰管道、忠武线、兰成渝、中哈原油管道等骨干管道及联络管线，尤其是西气东输管道，是国家实施西部大开发的标志性工程，建成运营后将形成横跨东西、纵贯南北、覆盖全国、连接海外的油气管网。

其三，中国石油、中国石化、中国海油作为中国石油化学工业三大骨干公司开拓奋进，为国民经济的发展和综合国力的提升做出巨大贡献。接下来，将详细介绍包括这三大骨干在内的典型石油化工公司的情况。

a. 进入21世纪的中国石油天然气集团公司整体情况(2001—2009年)

中国石油天然气集团公司(China National Petroleum Corporation，英文缩写“CNPC”，中文简称“中国石油”)是国有重要骨干企业，是以油气业务、工程技术服务石油工程建设、石油装备制造、金融服务新能源开发等为主营业务的综合性国际能源公司，是中国主要的油气生产商和供应商之一。1998年7月27日，根据国际国内环境的变化和国务院组建国际化大集团、大公司的要求，通过对中国石油天然气总公司业务进一步重组，成立中国石油天然气集团公司。中国石油天然气集团公司是一家真正市场化运作的、上下游一体的、从事石油天然气生产和经营的综合性能源公司。业务领域涉及石油天然气勘探开发、炼油化工、管道运输、油气炼化产品销售、石油工程技术服务、石油机械加工制造、石油贸易等多个领域，在中国石油、天然气生产、加工和销售市场中占据主导地位。1999年11月，在中国石油天然气集团重组改制的基础上，参照国际各大石油公司的模式组建成立了中国石油天然气股份有限公司(简称“中国石油股份”)。中国石油股份下设油气勘探与生产、炼油与销售、化工与销售、天然气与管道4大业务板块。中国石油集团的重组拆分是以行政方式进行的，大约2/3的资产和1/3的人员划入上市公司，其余作为辅业留在集团公司。这次脱胎换骨的改革，不仅标志着原有行政性公司体制的完结，也标志着中国石油作为国家授权的投资机构和国家控股公司行使新职能的开始，意味着公司体制向着现代企业制度目标迈出了一大步。2000 年 4 月，中国石油股票先后在香港联交所和美国纽约证交所挂牌上市。2001—2003 年，中国石油股份公司净利润在亚洲上市公司中连续名列第一。2007 年 11 月，中国石油成功回归 A 股市场。在进入新世纪后，中国石油改革发展实现历史性突破，取得了辉煌的成就。

其一，勘探与生产——资源接替良性循环，油气产量稳定增长。中国石油大力加强勘探开发，上游业务保持良好的发展态势，油气勘探获得一系列重大突破，引领油气增长。

其二，天然气大发展——大管线为能源提速，天然气利用促进经济发展。中国石油加强天然气的勘探开发力度，使其成为发展最快的业务之一，基本形成了新疆、鄂尔多斯、四川和青海四大气区，成为天然气的主力军。天然气工业的蓬勃发展，催生并带动了油气管道及相关产业的发展。随着一大批骨干管道和管网的相继建成投产，一个横跨东西、纵贯南北、连接海外、覆盖全国的天然气骨干网已经初现端倪，成为造福沿线人民、拉动中国经济和社会发展的强大引擎。

其三，炼化与销售——炼化实力大幅度提升，营销网络快速发展。建设一批千万吨级炼油基地和百万吨级乙烯等大型化工基地，销售网络覆盖全国，成品油和化工销售业形成了覆盖全国、布局合理的销售网络。

其四，工程与装备——体系完善，规模发展，保障有力。铸就了一支国内一流、国际市场初具影响力的工程技术服务与建设队伍，形成了完善的应对各种复杂地质条件的成熟技术和专有技术，并在全球范围内从事油气田地面工程建设、炼化装置建设、管道临工、工程设计等石油工程建设服务。

其五，科技创新——支撑和保障公司持续、有效、快速、协调发展。研究队伍人员素质不断提高，专利获取数量呈跨越式增长，质量不断提高，取得了一大批高水平、拥有自主知识产权的科研成果。科技创新能力在国家大型企业中处于前列。

其六，国际合作与交流——推进国际能源互利合作，实现规模有效可持续发展。截至 2008 年年底，海外油气业务遍布全球 29 个国家，拥有 75 个油气合作项目，初步形成非洲、中亚、美洲、中东和亚太五个海外油气合作区，基本上形成了勘探开发、管道运输和炼油化工与销售上下游一体化的完整石油产业链。国际贸易业务和装备出口业务在全球范围全面发展。国内对外合作也取得了重要成果。

其七，履行社会责任，促进和谐发展。“奉献能源，创造和谐”是中国石油的企业宗旨和核心价值观。中国石油积极倡导“诚信、创新、业绩、和谐、安全”的核心管理理念，努力实现能源与环境、生产与安全、企业与员工、企业与社会的和谐发展。

其八，企业文化——发展石油特色文化，打造核心竞争力。中国石油秉承“奉献能源，创造和谐”的企业宗旨，坚持“忠诚、尊重、诚实、正直、和讲”的价值观，形成了“爱国、创业、求实、奉献”的企业精神，践行“诚信、创新、业绩、和谐、安全”的核心竞争理念，不断完善《企业文化建设纲领》，使中国石油的企业文化既发扬了传统，具有继承性，又与时俱进，具有创新性，形成了具有中国石油特色的企业文化。

b. 进入 21 世纪的中国石油化工集团公司整体情况(2001—2009 年)

中国石油化工集团公司(以下简称“中国石化”)是 1998 年 7 月国家在原中国石油化工总公司基础上重组成立的特大型石油石化企业集团，是国家独资设立的国有公司、国家授权投资的机构和国家控股公司。

中国石化是一体化能源化工公司，主要从事石油与天然气勘探开发、开采、销售；石油炼制、石油化工、化纤、化肥及其他化工的生产与产品销售、储运；石油、天然气管道运输；石油、天然气、石油产品、石油化工及其他化工产品和其他商品、技术的进出口、代理进出口业务；技术、信息的研究、开发、应用等业务。中国石化是中国最大的石油产品(包括汽油、柴油、航空煤油等)和主要石化产品(包括中间石化产品、合成树脂、合成纤维单体及聚合物、合成纤维、合成橡胶和化肥)生产商和供应商，也是中国第二大原油生产商。上述对中国石化的概要说明，可以看出中国石化集团公司对于中国整个战略发展的重要作用。

世纪之交，经济全球化进程加快，世界范围内的产业结构调整、资本重组此起彼伏。党的十五大后，党中央、国务院审时度势，决定对石油石化行业实施战略性改组。

1998 年 7 月，中国石油化工集团公司和中国石油天然气集团同时重组成立，分别实现了上下游、内外贸、产销一体化。这是我国石油化工行业发展史上的又一里程碑。重组后的中国石化业务范围由炼油化工扩展到油气勘探开发、成品销售等领域。

2000 年 2 月，经过整体重组改制，中国石化集中主业和优质资产创立了中国石油化工股份有限公司。2000 年 10 月和 2001 年 8 月，中国石化先后在境外、境内发行 H 股和 A 股，在纽约、香港、伦教和上海上市，实现了股权结构的多元化，进入了国内外资本市场。中国石化的重组上市，募集了发展资金，初步建立了适应市场经济要求的体制框架和机制雏形。

重组以来，中国石化以改革为动力，以发展为主线，以市场为基础，进一步转变观念、转换机制、深化改革，加快发展，提高效率，向着建设具有国际竞争力企业集团的目标迈进。

油气资源基础的不断巩固，形成了“东部硬稳定、西部快上产、天然气大发展”的良好格局，特别是通过理论和技术创新，取得了海相勘探开发的突破，相继发现了国内目前最大的海相油田——塔河油田，以及国内目前最大的海相气田——普光气田。炼油化工布局和结构得到优化调整，按照贴近市场、贴近资源的原则，优化炼油化工布局，调整装置结构和产品结构，加快原油输转体系建设，努力实现规模化、一体化、集约化发展。产品营销网络不断巩固和完善，基本上形成了较为完善的成品油销售网络，化工产品营销初步建立了以直销为主、直销与分销相结合的化工产品营销网络。

国际化经营和对外合资合作稳步发展，在安哥拉、俄罗斯、哈萨克斯坦等国获得了一批油气勘探开发项目，国际石油工程服务初步形成了以西非及北非、中东、俄罗斯及中亚、南美及墨西哥、南亚及东南亚为战略重点的市场格局，炼油化工服务海外市场份额初步扩大，国际贸易稳步发展，合资内涵不断提高，逐步实现了从量到质的转变。

中国石化的企业管理也进一步加强。按照集中统一管理的要求，加快建设和完善内控制度，逐步完善决策程序和授权管理制度，不断加强财务稽查、审计、纪检监察，加强安全监督制度化、规范化建设，初步建立了适应新体制、新机制要求的内部监督管理系统。按照“国际水准、中国国情、石化特色”的原则，稳定推进 ERP 系统建设，建立了比较完善的信息化网络体系和信息化管理体系，有力地支持了企业生产经营和改革发展。

2007 年 6 月以来，中国石化认真贯彻党中央、国务院的方针政策和具体要求，以科学发展为统领，围绕“凝心聚力、加快发展”的工作主线，着力研究影响科学发展的主要问题，统筹兼顾，突出重点，有序推进持续有效的和谐发展。在深入学习贯彻党的十七大精神的基础上，结合新形势、新变化，中国石化对公司“十一五”发展规划进行了调整完善，提出了“力争再用 10~15 年的时间，把中国石化发展成为具有较强国际竞争力的跨国能源化工公司”的战略目标。

中国石化根据石油化工行业及公司业务特点，进一步明确主业发展要完善和实施市场战略、一体化战略和国家化战略，不断加快公司发展。中国石化坚持把安全生产作为头等大事来抓，建立安全生产的长效机制，颁布并严格执行《安全生产禁令》，开展“我要安全”的主题活动，有效遏制“三违”现象的发生。坚持把节约能源资源、保护环境放在更加突出的位置，加快建设资源节约型、环境友好型企业。加大国内油气勘探开发的力度，确保油气储量、产量的稳定增长，打造上游“长板”。优化炼油化工，调整装置结构和产品结构，实现规模化、一体化、集约化发展。加快发展和完善油品销售网络，持续改进和提升油品营销管理，不断增强成品油经营创效能力。加强产销研结合，更新营销理念，改进营销方式，实现从“坐商”到“行商”、从“卖产品”向“卖服务”的转变。加快海外油气勘探开发，优化海外石油工程布局，开拓海外炼化工程市场，扩大国际贸易，扎实推进海外业务发展。按照集中统一管理的要求，积极推进科学管理、精细管理和规范管理，努力塑造具有中国石油特色的管理模式。坚持以人为本，把发展企业与贡献国家、回报股东、奉献社会、造福职工有机统一起来，积极主动地履行国有大企业的社会责任，努力实现经济效益与社会效益的有机统一。

经过努力，中国石化在新的起点上实现了新的跨越。1983 年的中国石化总公司，业务囿于炼油化工，资产总额 210 亿元，销售收入 272 亿元，实现利润 107 亿元。2008 年的中国石化，已是集勘探开发、炼油化工、油品营销为一体的能源化工公司，资产总额 10298. 3 亿元，主营业务收入 14656 亿元，实现利润 1243. 3 亿元。目前，中国石化已成为国内最大的成品油和石化产品供应商、第三大油气生产商、世界第三大炼油公司、第五大乙烯生产商，加油站总数位居世界第三。2009 年，中国石化在《财富》全球 500 强企业中排名第九位。

c. 进入 21 世纪的中国海洋石油总公司整体情况(2001—2009 年)

中国海洋石油总公司(以下简称“中国海油”)是中国三大国有石油公司之一，于 1982 年 2 月成立，是国务院直属特大型企业，注册资本 500 亿元人民币，现有职工 5. 1 万人，总部设在北京。依据《中华人民共和国对外合作开采海洋石油资源条例》，中国海油负责在中国海域对外合作开采海洋石油、天然气资源，是中国海上石油和天然气的最大生产者。中海油自成立以来保持了良好的发展态势，由一家单纯从事油气开采的纯上游公司发展成为主业突出、产业链完整的综合型企业集团，形成油气勘探开发、专业技术服务、化工化肥炼化、天然气及发电、金融服务与新能源六大良性互动的产业发展板块。近年来，通过改革重组、资本经营、海外并购、上下游一体化等战略实施的成功，企业实现了跨越式的发展，综合能力不断增强，逐渐树立起精干高效的国际石油公司形象。

21 世纪以来，中国海油实现了从上游到中下游一体化，从国内到国际、从浅水到深水的三大跨越。目前控股或全资拥有一家独立油气勘探生产公司、一家研究中心、一家化学公司、一家油气开发公司、两家专业技术服务公司、五家基地公司、一家财务公司、一家信托投资公司，与壳牌公司合营一家石油化工公司。中国海油已从一家单纯的海上油气生产企业变成集六大产业于一身的综合型国际化能源公司，总公司控股的油气公司连续三年入选《亚洲金融》杂志评选的“中国最佳管理公司”，中海油服务有限公司(以下简称“中海油服”)连续三年被标准普尔推荐为全球精选 30 只最具投资价值股，连续三年荣获“CCTV 中国最具上市公司”奖，2006 年被标准普尔评为“全球挑战者”之一(国内只有六家)。目前，中国海油正在向国际一流能源公司的目标迈进。

为加速发展油气主业，做大做强国有资产，1999 年中国海油运用创新性思维开始重组改制，将全部优良油气资产进行重组，并于 2001 年成功在纽约、香港挂牌上市，成为世界上最大的独立油气勘探生产公司之一。2002 年 1 月，海洋石油工程股份有限公司(以下简称“海油工程”)在国内股市发行成功。11 月中海油服登陆香港股市，2007 年 9 月又成功登陆 A 股市场。2006 年中国海油响应我国建设社会主义新农村的号召，推动化肥板块在海外成功上市。

进入 21 世纪后的中国海油进一步高效高速发展，在高速发展的同时，中国海油保持了较高的发展质量。根据国务院国资委统计，近年来中国海油的利润/人工成本、成本费用利润率始终在中央企业中名列前茅，桶油成本在国际同行中具有较强的竞争力。

5.1.3　石油化学工业在国民经济中的作用

1. 石油化工是能源的主要供应者

石油炼制生产的汽油、煤油、柴油、重油以及天然气是当前主要能源的主要供应者。我国 1995 年生产了燃料油 8000 万吨。目前，全世界石油和天然气消费量约占总能耗量的 60%。我国因煤炭使用量大，石油的消费量不到 20%。石油化工提供的能源主要用作汽车、拖拉机、飞机、轮船、锅炉的燃料，少量用作民用燃料。能源是制约我国国民经济发展的一个因素，石油化工约消耗总能源的 8.5%，应不断降低能源消费量。

2. 石油化工是材料工业的支柱之一

金属、无机非金属材料和高分子合成材料被称为三大材料。全世界石油化工提供的高分子合成材料目前产量约 1.45 亿吨，1996 年，我国已超过 800 万吨。

除合成材料外，石油化工还提供了绝大多数的有机化工原料，在属于化工领域的范畴内，除化学矿物提供的化工产品外，石油化工生产的原料在各个部门大显身手。

3. 石油化工促进了农业的发展

农业是我国国民经济的基础产业。石化工业提供的氮肥占化肥总量的80%，农用塑料薄膜的推广使用，加上农药的合理使用以及大量农业机械所需各类燃料，形成了石化工业支援农业的主力军。

4. 各工业部门离不开石化产品

现代交通工业的发展与燃料供应息息相关，可以毫不夸张地说，没有燃料，就没有现代交通工业。金属加工、各类机械毫无例外需要各类润滑材料及其他配套材料，消耗了大量石化产品。全世界润滑油脂产量约2000万吨，我国约180万吨。建材工业是石化产品的新领域，如塑料关材、门窗、铺地材料、涂料被称为化学建材。轻工、纺织工业是石化产品的传统用户，新材料、新工艺、新产品的开发与推广，无不有石化产品的身影。当前，高速发展的电子工业以及诸多的高新技术产业，对石化产品，尤其是以石化产品为原料生产的精细化工产品提出了新要求，这对发展石化工业是个巨大的促进。

5.1.4 伦理学在石油工程中的作用

在内政外交、国民经济、人民群众的物质及文化生活等领域中，石油与天然气勘探开发及石油工程技术应用具有重大的战略意义。因此，对石油工程领域的伦理学研究及应用，有利于保障我国石油工业的健康、安全和可持续发展，有利于取得公众、社会和国际信任并承担应有的责任。伦理学在石油工程中的作用可分为两方面：一方面，石油工程需要伦理学的支持和肯定，为其解决一系列的价值难题；另一方面，石油工程需要伦理道德引导、约束，以保证其安全且向着有利于充分满足人民群众的物质及文化生活需要的方向发展。

5.2 石油工程涉及的伦理问题

5.2.1 石油工程涉及的技术伦理

石油工程技术伦理是指各种石油工程技术决策和判断、制造方法的选择、安全因素的考虑等带来的伦理问题。

生产安全主要包括工程活动中的人员健康和生命安全保障以及生产中的人权保障等。一段时间内，我国安全生产事故多发频发，从近年来发生的数十起重特大事故来看，有的企业对事故隐患采取漠视甚至纵容的态度；有的事故隐患事前早就发现了，但管理者利欲熏心，存在侥幸心理；甚至有些隐患正在或者已经纳入整改范围，但由于风险意识和主体责任感不强而迟迟未付诸实施；更有甚者是目无法纪、胆大妄为、肆意践踏生命而对隐患“无所畏惧”。

工程伦理的质量意识，首先要求工程师切实承担起技术上的道德责任，本着对工程项目负责，对国家和人民负责的态度，认真执行操作规范和技术标准，在涉及质量的问题上，认真细致，一丝不苟。其次，工程师能够正确处理个人利益和国家利益之间的关系，能够做到在任何情况下都坚决把国家和人民利益放在首位，绝不以牺牲国家和人民利益为代价来获取一己私利。再次，工程师能够自觉抵制工程技术活动中的腐败现象，坚持和各种践踏道德伦理底线的行为做斗争。安全意识要求工程师能够将工程安全意识内化为自身的道德素质，外化为个人的自觉行动。具体来说，就是在工程技术活动中，能够严格执行工程质量技术标准，严格遵守技术规范，认真贯彻工程质量要求，切实落实项目方的工程设计要求。能够及时纠正并认真防范工程技术活动中的各种不规范操作，确保工程质量。

事故隐患得不到及时整改的直接原因，是企业不愿意进行财力的投入，因为安全带来的经济效益是隐形的；间接原因是对事故的预防原理不清楚，没有科学的风险意识；根本原因则是伦理意识的缺乏，核心的表现就是道德责任感的缺失，没有从内心深处将从业人员的职业安全和健康放到应有的重要的地位。

从国内发生的诸多生产安全事故来看，安全伦理意识的缺失不仅存在于政府层面、企业层面、也存在于每个从业者层面。假如安全伦理意识得不到应有的重视和强化，我国安全生产形势的严峻局面将得不到根本性的转变。

安全生产关乎从业人员的身体安全与健康，关乎从业人员家庭的稳定、和谐与安康；关乎企业的可持续发展，关乎企业生产经营得到保障；关乎国家的经济发展、社会稳定和政治声望。保障安全生产，体现一个人的品位、企业的品质、政府的诚信乃至国家的富强；体现领导者和各级负责人的道德情操和职业操守；体现员工个体的悟性和智慧。

只有对生命充满敬畏，才能从根本重视安全生产工作，才能更好地遵守安全生产法律法规和标准规程，才能真正愿意加大安全生产投入，才能切实履行好安全生产主体责任。例如，1911 年 3 月 25 日美国华盛顿一家三角内衣工厂发生特大火灾，导致146人死亡。这场大火成为改变美国的一场火灾。“任何财富都没有生命的价值更可贵”，这是早在100年前美国公众就树立的安全理念，并于1912年专门出台了《劳动法》强化了对工人的劳动权益和职业安全健康的防护。

安全生产法律法规及标准规程，是企业确保安全生产的最低要求，而根据当前我国安全生产发展状况，企业尚属于“被动安全”阶段，如果政府安全监管部门不能从“以人为本”执政理念出发，一味追求所谓地方经济效益而不顾从业人员的职业安全与健康；没有从执政者的道义和道德层面出发，就相当于放纵了企业无视安全生产的行为，就谈不上真正的安全发展和科学发展，更谈不上构建和谐社会的成功。

根据现行法规及政策要求，安全培训、隐患整改、风险评估、劳动防护、安全检测等方面的投入都属于生产成本的范畴，而企业减少上述方面的投资，意味着成本的减少，继而带来了“利润”增加。但企业减少上述投入正是导致伤亡事故发生的直接或间接原因，而伤亡事故的发生将会导致无数人及其背后幸福家庭与和谐生活的终结。从“以人为本”的角度讲，这就是企业主丧失道义及道德缺失的表现。

深刻剖析每起重特大事故，往往都是企业主要负责人缺乏伦理道德而忽视安全生产法律法规、漠视从业人员的职业安全与健康所导致的。尽管发生事故并非主观故意，但如果认识到确保安全生产是他们道德情操的体现，是安全伦理的要求，就不至于有“违背科学，盲目自信；心怀侥幸，冒险蛮干；目无法纪，胆大妄为；欺上瞒下，一意孤行”现象的出现。通过对以下几起重特大事故的剖析和反思，希望大家能够认识到安全伦理意识对安全生产领域的深层次影响。

5.2.2 石油工程涉及的职业伦理

职业伦理超越技术问题，更注重主体间的交往伦理。侧重于工程师的职业特性、职业目的、职业准则。

随着工程技术活动对社会公众影响的日益增大，社会对工程师的道德伦理要求也日渐提高，不仅要求工程师要对工程质量实行终身负责制，而且要对工程给社会公众造成的显性和隐性、近期和长远的影响负责。这就要求不断加强工程师的职业责任意识，首先是道德意识，要求工程师树立工程技术活动必须以推进社会进步、改善公众生活质量为根本宗旨。其次是法制意识，要求工程师能够明白自己的行为应该承担的法律责任。现代工程日益向着大规模、高技术的方向发展。一个大型项目的施工建设往往需要多学科、多部门的协调配合，需要各种各样的建设材料和设备，需要大量的资金投入。这就需要工程师必须具备良好的合作意识，才能圆满完成工程项目的各项要求。正确处理利益关系的意识要求工程师能够在工程技术活动中，树立大局意识和长远观念，能够正确处理局部与整体、个人与集体之间的关系，能够树立通过合法途径来获取个人报酬与利益的观念，不以损坏工程质量和社会公众利益为代价来获取个人利益。

探讨职业伦理问题，最需要提到的是石油企业普遍采用的 HSE 管理体系，即健康、安全与环境(Health，Safety and Environment)管理体系。这是 20 世纪 90 年代出现的，国际石油天然气工业通行的，突出“以人为本、预防为主、全员参与、持续改进”先进理念的管理标准体系，是石油天然气工业实现现代化管理、走向国际化的通行证。1996 年，国际标准化组织 ISO/TC67 的 SC67 分委员会发布《石油天然气工业健康、安全与环境管理体系》(ISO/CD14690 标准草案)。1997 年，我国作为行业标准的《石油天然气工业健康、安全与环境管理体系》(SY/T 6276—1997)颁布实施。HSE 管理体系的核心环节是风险识别和控制，建立和实施这一管理体系的根本目的在于控制和消减风险，保护人的健康、生命财产安全和环境，这一目的本身就具有深刻的伦理内涵。多年来，各大石油企业均积极推广实施 HSE 管理体系并持续改进。中国石化于 2010 年制定完善了 HSE 观察、HSE 标识规范、事故隐患治理项目、油气长输管道安全、海上石油作业安全等 26 项管理制度。中国海油于 2006 年在基层 HSE 管理中提出班前“五想五不干”的要求，而后强化为中国海油现场作业安全行为准则，即“一想安全风险，不清楚不干；二想安全措施，不完善不干；三想安全工具，未配备不干；四想安全环境，不合格不干；五想安全技能，不具备不干”。透过石油企业的 HSE 管理体系可以看到，维护员工权益、重视工程安全和环境保护等伦理要求，正在越来越多地融入企业管理体系并深入到现场作业管理中。

5.2.3 石油工程涉及的社会伦理

从石油工程工业中所涉及的公共利益、所造成的社会影响分析，石油工程师必须从多方面考量工程的社会后果，尤其是负面后果。

1. 环境与生态安全

在过去相当长的时间内，人类对自然的认识是不足的。曾几何时，“人定胜天”“地大物博”“取之不尽，用之不竭”等认识让我们引以为傲，而忘记了“天人合一”“顺应自然”的古训。工程活动是人类改造自然的手段，而工程活动必须遵循自然规律。在资源问题、环境问题日益紧迫的情况下，工程与自然的关系自然成为工程伦理的关注焦点。人类在进行工程活动、利用和改造自然方面获得了丰厚的回报。但是人们违反自然规律修建工程，受到自然惩罚的情况也时有发生。例如，围湖造田导致洪水泛滥，过度开垦造成土地荒漠化，滥采滥伐导致水土的流失，大量的水坝建设导致河流干涸。

要确保生态安全，必须要坚持人类社会可持续发展的价值取向。可持续发展，一般是指满足人类需求如自然资源、产品、能量、食物、交通工具、住宿等的同时，要保存保护自然环境质量与自然资源，以便供子孙后代发展。可持续发展问题，如生态系统问题、全球气候变暖问题，已经成为全球面临的突出问题，这一问题在人口众多的中国尤其突出。“在现代化建设中，必须把实现可持续发展作为一个重大战略”。

当前，我们要充分认识自然资源趋于枯竭的严重性。工程活动直接利用消耗自然资源，改革开放 30 余年来，我国经历了粗放型的跨越式发展模式与阶段，虽然我国的 GDP 保持了持续的增长，但是不是健康的增长，最突出的表现就是我国的自然资源日趋缩紧。近十年间，我国矿产资源供应量增速同比提高 0.5~1 倍，高出同期世界平均增速 0.5~1 倍，对外依存度不断提高，石油、铁矿石、铜、铝、钾盐等大宗矿产资源的国内保障程度不足 50%。例如《全国国土规划纲要(2016—2030 年)》中显示，从 1996 年 10 月底到 2004 年 10 月底，中国整整减少了 1.5 亿亩耕地，超过国家耕地总量的 5%。圈地热来自房地产热的持续升温，巨额利润的诱惑不仅使得中国的耕地面积大幅减少，也让无数农民流离失所。从 1990 年到 2001 年，中国石油消费增长 100%，天然气增长 92%，钢增长 143%，铜增长 189%，招增长 380%，锌增长 311%，10 种有色金属增长 276%。这样的消耗速度，迅速消耗了国内大量的资源。中国人口占世界的 21%，但石油储量仅占世界的 1.8%，天然气占 0.7%，铁矿石不足 9%，铜矿不足 5%，锌土矿不足 2%。到 2010 年，我国的石油对外依存度将达到 57%，铜将达到 70%，将达到 80%。我国的国内资源再也难以支撑传统工业文明的持续增长和发展。45 种主要矿产 15 年后将剩下 6 种，5 年后 60%以上的石油依赖进口。工程造福人类的一大前提，是自然资源的可持续利用。面对这种资源趋紧的格局，工程人员应该认识到，如果不珍爱自然、合理节约利用自然资源，那么人类就有提前灭亡的危险。

此外，要充分认识我国环境污染、生态系统退化的严峻形势。我国的环境生态遭到工程活动不同程度的破坏。为了适应工业化、城市化的需要，工程活动加快了对土地、森林、矿产等资源的开发，给生态平衡、空气调节、水土保持带来了极坏的影响。一些大型工程项目破坏动植物的生存环境，影响生物物种的多样性，在工程施工过程中会释放出大量的废气、排放废水，给大气、水和环境带来严重的污染。我国数量巨大的小造纸厂、小化肥厂、土炼油厂、制革厂排放了大量的夹杂着有害物质的废水进入河流、有害废气排入大气，使当地及其下游河流水质与地下水质严重污染，恶劣的空气质量严重影响到人和其他生物的健康生存，生态平衡被严重破坏。目前我国城市水段90%以上被污染；湖泊75%富营养化；四川省的废水排放总达22.8亿吨/年，超过环境容量的60%。三分之一的国土被酸雨污染，100平方公里以上流域面积的1049条河流中，70%以上受到不同程度的污染。我国主要水系的五分之二成为劣五类，3亿多农村人口喝不到干净的水，1亿多个城市居民呼吸不到清洁的空气，1500万人因此患有支气管疾病和呼吸道癌症。

随着石油工业领域责任伦理的建设发展，很多伦理准则的内容已经物化成石油企业工程活动的技术指标。这些指标的形成和石油企业对这些指标的执行，是中国石油工业工程伦理实践发展的重要体现。

中国石油组织修编的《石油和化工工程设计工作手册》囊括了石油工业中各类工程建设项目的设计规范与标准。其中每个环节的设计均给出了风险识别与控制措施，凡涉及“三废”排放的设计环节均给出了控制标准，这是安全、环保等伦理准则的刚性体现。中国石化加强从生产到消费的全过程清洁管理，力争控制和减少各个环节的污染物排放。2010年，中国石化外排废水达标率保持在96%以上，外排废水中COD量同比减少2.1%，二氧化硫排放量同比削减6.9%。主要污染物减排提前完成了国家制定的“十一五”目标。

总之，自然界不是存在着，而是生存着和消逝着。面对资源约束趋紧、环境污染严重、生态环境退化的严峻形势，工程人员应该树立起人类社会可持续发展的价值取向，一方面珍爱自然、自觉践行节约资源的基本国策，另一方面顺应自然、自觉践行保护环境的基本国策。

2. 社会公正

如果从伦理学范畴来理解“公正”这个词，可以发现，它与公平和正义的涵义是相类似的。把公正拆开理解，“公”就是“公平”，它要求无私、不偏私；“正”就是“正义”，它要求无恶，不作恶。因此，公正就是在对方方面面关系的调节中，不从私心出发作恶，不偏不倚，兼顾各方，不为了一方的利益而去损害另一方应该得到的利益。公正就是“对人们的权利与义务之间、报酬和贡献之间、奖惩与功过之间相称性关系的确立和认可”。工程活动是一项十分复杂的活动，是一个与社会产生多方面关系的网络，它涉及到的社会公正问题也是十分复杂的。只要是工程利益的受益人，他们在同等的条件下就应该同等享有工程项目带来福利的权利和对自然资源以及环境利用的权利。同样，就对于工程代价的分配而言，任何享有工程利益的单位和个人，需要承担相应的工程代价。没有任何人享有特权，也没有任何人只承担义务与责任。对于工程师而言，一名好的工程师必须也是一名公正的工程师，必须在复杂的工程项目利益分配中公正地评判和作出合理的选择，协调好各方面的利益与义务。有些雇用工程师的业主也许会左右工程师的判断，希望工程师作出对他们有利的决定和判断，这样势必损害其他方(比如工程项目使用者和利益受损者)的正当权益。这时就需要工程师不受业主方的影响，作出公正的判断，维护工程项目利益分配和责任分担的公正。

用以衡量一项工程在协调各方面的利益关系、尊重和保障各方面的基本权利等方面所达到的水平，是评判工程活动中利益分配是否正当合理的重要尺度。从范围上看，工程活动的公平问题既涉及工程活动内部不同利益主体之间的利益分配，也涉及工程与外部社会环境和自然环境之间的利益分配。如三峡工程造成的移民安置、移民的利益补偿、受益地区与受损地区之间的利益分配和补偿问题、三峡工程对当地生态环境产生的重大影响及其生态补偿和重建等。可见，实现工程活动内外各方面利益的合理分配，是工程利益伦理坚持公平原则的一个基本要求，它不仅关系到工程本身的质量与安全，而且关系到经济、社会与生态文明的建设和发展。

工程师应该保持一种客观和公正的姿态，尤其当这一工程活动涉及到公众的健康、安全和福祉的时候。在工程活动中体现尊重并保障每个人合法的生存权、发展权、财产权、隐私权等个人权益，工程技术人员在工程活动中应该时时处处树立维护公众权利的意识，不任意损害个人利益，对不能避免的或已经造成的利益损害给予合理的经济补偿。

伦理准则的法制化程度从一个方面反映了伦理建设的水平。国际公约、国家法律法规、行业企业规章制度等约法规制中包含和体现了很多伦理准则。石油企业在遵守和执行这些约法规制的过程中，实际上也在履行其中蕴含的伦理要求。这些约法规制的建设发展，是工程伦理法制化建设成效的体现。

在国际公约与标准方面，有体现人权、劳工、安全、环境、气候等方面伦理准则的《联合国全球契约》《联合国气候变化框架公约》《京都议定书》《哥本哈根协议》《石油天然气工业健康、安全与环境管理体系(ISO/CD14690 标准草案)》等。在国内法律法规方面，有体现人权的《劳动法》，体现诚信伦理的《产品质量法》，体现环保节能的《环境保护法》《海洋环境保护法》《大气污染防治法》《节约能源法》等。在石油行业与企业规章制度方面，有中国石油的《石油天然气工业健康、安全与环境管理体系(SY/T 6276—1997)》《石油员工健康手册》，中国石化的《石油天然气管道保护法》，中国海油的《气候应对政策》，中化集团的《HSE 管理体系指南》等。在跨国经营中，石油企业还要遵守海外业务所在国的法律法规。

以上约法规制中，明确体现了维护员工权益、保障公众安全、保护生态环境等伦理准则的要求，以法律制度形式强制执行，说明了这些伦理准则已经成为成熟思想并得到了普遍接受。

3. 经济发展与工程的社会责任

工程项目建设实施的一个重要目标，就是要取得经济效益，带动地区的经济发展。从整个社会的角度来看，工程活动除了可以产生巨大的社会财富外，还可以大大提高整个社会的总体生产力水平，进而改善人民的物质生活和文化生活质量，为人民提供更多的满足生活需要的资料。但是，物质产品和经济价值不是工程项目追求的唯一价值目标和终极价值目标，它只是人们追求快乐幸福生活的必要条件。“在人所追求的价值中，有一种价值是根本性的，同时又是总体性的，这就是幸福。”

工程活动绝不单纯是一种技术性的活动，在工程活动中，不但体现着人与自然的复杂关系，而且还体现出复杂的人与人的关系和人与社会的关系。随着科技发展和社会进步，工程活动规模不断扩大，影响范围也越加深远，工程师的责任也由最初忠诚于雇主的利益，扩大到服务于全人类和全社会的利益，这就要求工程师不仅对客户和企业负责，更要对社会公众负责，“工程师的伦理责任要求他将公众的利益置于首要的地位”。工程师的首要义务是把人类的安全、健康和福祉放在至高无上的地位。对那些有害于环境和生态，影响公共健康的工程要从更广泛的伦理范围进行约束。因此，社会责任成为当代工程活动的重要责任形式，工程的社会责任伦理也逐渐成为工程伦理的首要内容。正如工程伦理学家安格所述，“以往我们只是关心是否做好了工作，现在的首要工作是思考是否‘做了好的工作’”。

就工程项目而言，社会责任指的就是一个工程项目的主体不仅承担着法律上和经济上的义务，还承担着“追求对社会有利的长期目标”的义务。尽管工程的社会责任并没有一个公认的定义，但一个工程项目要承担社会责任项目的主体需要做三件重要的事情：第一，必须认识到工程项目对其所处的社会发展将产生的影响，而社会发展同样也会影响工程项目主体获得成功的能力；第二，在项目设计、施工和管理的过程中注重对经济、社会、环境等方面的影响，不仅使其为项目主体的活动和声誉带来好处，而且还使其造福于所在地区；第三，通过与其他群体和组织、地方团体、社会和政府部门进行密切合作，来实现自己的利益。

工程项目的社会责任包括环境保护、社会道德以及公共利益等方面，由经济责任、可持续发展责任、法律责任和道德责任等构成。工程项目的经济责任是指工程项目主体在项目建设、盈利、满足消费需求方面的责任，其核心是工程项目创造利润、实现价值的能力。工程项目的经济责任表现可以通过财务、产品服务、治理结构三个方面进行考察。可持续发展责任是指保证工程项目有助于社会可持续发展的责任。该项责任可以通过环保责任和创新责任两方面进行考察。法律责任是指工程项目主体履行法律法规各项义务的责任。该项责任可以通过税收责任和雇主责任两个方面进行考察。道德责任是指工程项目主体遵循社会准则、规范，以及回报社会的责任。该项责任可以通过内部道德责任和外部道德责任两个方面考察。

履行好工程的社会责任具有重大意义。

(1) 有利于创建精品工程。现代工程一般都具有规模大、投资大、建设周期长、技术复杂、涉及面广等特点，作为国家重要的基础设施，在国家能源战略规划和经济社会发展中起着举足轻重的作用。工程共同体各方在工程建设的各个阶段，认真履行自己的职责，强化责任意识，牢固树立对国家、对人民、对历史负责的使命感，就能保证工程在项目规划、决策、设计、施工、运行等阶段遵循科学发展观的精神，进而实现工程决策的科学、论证的充分、设计的合理、施工的有序、管理的严格，建成一项质量优良、环境友好、经济合理、技术先进、效益显著的精品工程，促进质量、进度、投资、效益的有机统一。

(2) 有利于促进工程与社会经济环境的协调。工程是具有巨大经济效益和社会效益的基础产业和公益事业，在经济社会的可持续发展中具有重要作用。工程建设的各方应该认识到建设工程的目的是为人民、为社会创造更大的价值，而不仅仅是实现某个小集团的利益。只有满足社会可持续发展目标的工程才能在实现社会整体利益的同时获得企业自身利益。

(3) 有利于促进工程与人文的协调。工程不仅是物质实体的构建，也是某种工程精神的创造，更是文化创新、精神追求的载体和反映。工程建设顺利与否，往往与当地公众的支持分不开。因此工程的决策者、管理者各方，特别是工程师，应该注意公众参与理解工程的问题，有责任通过媒体等多种渠道向公众进行工程的宣传、解释，使公众能够科学地理解、认同工程，从而使工程科学得到普及，增加公众参与工程的积极性和能力，使工程在公众面前“透明”。在建设和谐社会的环境下，要突出“以人为本”的理念，注意保护工程建设中各弱势群体的利益。在工程的管理中，要注重科学管理，人性化管理，使工人在良好的工作氛围、健康的工作环境中制作出精良的产品。要重视和维护利益相关者的合法权益，积极帮助弱势群体发展生产，改善移民生存状况和提供发展条件，使弱势群体真正成为工程的受益者。

(4) 有利于促进工程与自然环境的协调。生态环境直接关系到人民群众的生存和生活，关系到人类文明的发展和延续。工程建设中必须坚持“保护优先、开发有序”的方针，在保护生态的基础上有序进行工程的建设，尊重自然规律，按客观规律办事，在项目规划、设计、施工、运行的各阶段，认真研究和落实环保政策，建设环境友好型工程，实现开发和保护双赢，实现工程的生态责任。

从石油企业获得的社会评价中，可以看出社会各界对石油企业履行伦理责任情况的反馈评价。

获得荣誉奖项情况是社会评价的重要方面。中国石油集团公司被国务院国资委授予“2007—2009 年任期考核节能减排特别奖”，中油阿克纠宾油气股份公司被哈萨克斯坦政府授予“2010 年度企业社会贡献特等奖”。中国石化集团公司于 2010 年分别在新华社、人民网组织的评选中获“中国企业社会责任榜杰出企业”和“人民社会责任奖”称号。中国海油总公司被国务院国资委授予“‘十一五’央企节能减排优秀企业”称号，在中华环保联合会和中国企业报社组织的评选中获“2009 年节能减排功勋企业”称号。中化集团公司在信用和国际商业协会(FCIB)组织的评选中获“最佳信用管理公司”称号。以上只是近几年来石油企业在履行伦理责任方面获得的众多荣誉奖项中的一小部分，而且我们注意到，这些奖项的评选者不仅仅是官方的政府部门，还有媒体、行业协会、非政府组织等，还包括外国政府与国际协会，所以作为社会评价的佐证是有一定说服力的。这些社会评价，体现了社会各方对石油工业履行伦理责任行为的肯定和期望。

5.3 石油工程应遵循的伦理原则

5.3.1 以人为本原则

以人为本的原则以实现人的全面发展为目标，这就是说，一切社会活动归根结底都是为了人，为了所有的人。所以，从伦理角度而言，石油开发和利用应当做到：首先，要充分认识石油能源发展的社会地位。开发石油是国家经济的迫切需要，是人民群众日益发展的物质文化生活的需要。其次，石油工程建设要以人为本，就是以人的生命安全为本。因此，从井队选址开始，就要做到以人的生命安全为本，远离人口密集区，充分考虑极端事故尤其是极端的事故叠加发生的状况对石油安全的影响，大力增强石油工程建设应对自然灾害(如地震、海啸)的能力，确保石油勘探开发运行安全。第三，要调动和发挥所有人的智慧、力量和敬业精神。人民群众是历史的主人，是社会物质财富和精神财富的创造者。社会活动的一切创造，都离不开人民群众的积极参与。第四，石油企业在自身发展中要注意关心企业员工的利益，要积极创造条件，改善工作环境，加强文化建设，增加培训机会，努力促进企业员工全面发展。

5.3.2 可持续发展原则

可持续发展中，发展与持续性是其最基本的内涵，两者相辅相成，唇齿相依。没有发展也就谈不上可持续；没有持续性，就毫无发展可言。可持续发展是在社会、经济、人口、资源、环境相互协调和共同发展的基础上建立的一种发展模式。可持续性发展原则是，既要满足人类的各种生活需要，个体的人得到充分的发展；又要保护资源和生态环境，不影响后代的生存和发展。它强调各种经济活动的生态合理性，是否对资源、环境有利。可持续发展的宗旨就是，既能满足当代人的需求，又不能对后代人的发展构成危害；资源的持续利用和生态系统可持续保持，是人类社会可持续发展的首要条件。可持续发展要求人们根据可持续性的条件调整自己的生活方式，在生态可能的范围内确定自己的消耗标准。石油的开发和利用，是目前人类文明可持续发展的现实需要。石油资源完全能够承担起人类经济和社会可持续发展的能源需求。

我国石油工程发展遵循可持续发展原则，应当做到：①正确处理石油工程发展“好”与“快”的关系，注意质量，注意效益，注意安全。②正确处理好经济效益与生态效益的关系，既要重视石油的经济效益，又要重视石油的生态效益。从石油工程建设施工的选址到运行、废物的处理以及相关设施的退役处理，都要充分考虑对生态环境的保护。③正确处理好石油资源的使用与节约。我国石油资源储量有限，在石油工程发展过程中必须做到厉行节约，最大程度地发挥有限资源的效率。④依靠科技进步，整体提升石油效益。要通过石油勘探开发技术的改进与创新降低石油的建设成本与开发成本，加强石油燃料的循环使用，为石油的可持续发展提供坚实的科技支撑。

5.3.3 生态原则

发展石油工程应遵循生态原则，即在满足人类可持续发展的能源需求的同时，对环境和生态的破坏减至最小。遵循生态原则，就是要使石油的开发与利用有利于保护环境和维护生态平衡。生态伦理思想的核心是强调生态环境的权利和内在价值。面对我国石油工程建设中生态环境的现状，我们要汲取生态伦理思想中的精华，以生态伦理思想为指导，在尊重自然权利和价值的前提下合理发展石化事业，以期实现对石油工程建设的生态环境责任与义务，实现我国石油工业建设的生态化。这就要求我们在石油工程实践活动中，必须突出生态伦理思想的指导作用，加强与石油工业建设有关的生态伦理教育，树立我国石油工程建设中的生态价值观，唤起社会公众的"生态良知"。具体而言，我国石油工程发展遵循生态原则，应当做到：①在项目的选址及可行性研究阶段，必须保证风险范围最小化，周围环境安全最大化。②在项目可行性评估通过后，再审查石油工程建设初期是否符合相关伦理规范和原则。若不可避免地对生态有破坏性，需考虑生态能否得到有效恢复，当地居民权利是否得到充分保障，比如知情权、赔偿权等。③在设施运行阶段，审查其产生的污染是否在可控范围，如果破坏程度过大，就必须停止运行，必须保证周围生态环境的安全。④若发生漏油等事故，需审查有关部门是否及时采取有效措施防止事态恶化，事故导致公众权利受到侵害后是否能给予足够补偿。

5.4 石油工程风险的公正评估

5.4.1 从工程安全到工程风险

安全与风险是同一问题的正反两面。但在石油工程实践中，从传统的强调安全到如今突出管理风险，不仅反映了认识和观念上的变化，也体现了工程伦理思想的进步。传统上，评估石油工程安全的落脚点集中在施工建筑物/结构物本身。按照规范要求，工程设计时会预留一定的安全余量(安全系数)。如果施工质量满足要求，运行荷载不超范围，管理维护认真到位，那么从技术安全评估的角度看，工程本身是绝对安全的。然而，随着社会的发展与进步，传统上石油工程对安全的定义及相关评价的局限性日益凸显。石油工程规模宏大，因此其安全问题涉及的范围远远超越施工建筑物/结构物本身。若油井发生井喷，不仅石油工程本身毁于一旦，更为严重的是给下游人民造成重大的人员伤亡、经济损失和环境破坏。由此，石油工程界开始从概率论和风险分析的角度来研究石油工程的安全问题，从石油工程风险发生的概率和其可能造成的后果两个层面审视其实际风险。显然，石油工程安全概念的核心已转变为社会和公众对工程风险的认知和评估，石油工程安全问题从单纯的技术问题转化为一个综合问题。

5.4.2 影响石油工程风险客观公正评估的因素

从方法和步骤上看，石油工程的风险评估涉及更多的是技术问题。而实际上，无论是评价结果的确定还是整改措施的推荐与落实，都会影响风险评估的客观性和公正性。第一，我国石油工程建设是由垄断国企来主导，行政导向性对工程风险评估的影响是巨大的。第二，石油工程大多数风险因素是已知的，但由于地质条件存在不确定性，因此很多风险因素是隐性的，甚至是不可预见的。由于地质条件的复杂性，准确评估石油工程的风险并不容易；在紧急情况下，面对可能出现的严重局面，在短时间内作出评判往往趋于保守，在客观上容易夸大风险。第三，在目前的工作机制中，石油工程风险评估的公众参与度不高。对于普通公众而言，并不清楚自身面对的风险，或者不能正确理解专业术语中对风险的表述。在普通公众心目中，概率极低的风险就如同永远不会发生一样。第四，目前石油工程实践中对于风险采取的是预防为主的原则，这虽从制度上保证了石油工程在设计、验收和运行过程中随时辨识风险源，并采取有力措施降低安全风险，但问题是，风险在技术层面是以概率的方式描述和体现的，在具体的实践中有可能有不同的解读，从而导致责任弱化。我国目前对责任人的处理多采用追溯制，一旦出事，责任人就要承担相应的行政和法律责任；与此相反，只要不出事，其承担的安全责任就可能被忽视。这其中的伦理困境，实际上也是石油工程师经常需要面对的冲突。石油工程是复杂的系统，技术难度大，不确定性强，不论是在建还是已经建成的工程都面临破坏和失效的风险。随着技术的进步，目前出现大规模事故的可能性已经大大降低，但石油工程师千万不可掉以轻心，在工作中应该认真负责，全方位辨识风险源，客观评价风险等级，制订有效的改进措施，从而有效控制风险。与此同时，需要不断完善风险评价和管理机制，充分尊重公众对风险的知情权，拓宽多方参与风险识别和评估的渠道。公正评估石油工程风险，合理分担工程风险，在多方共赢基础上实现长治久安，是将为石油工程的可持续发展提供更坚实的基础。

5.5 石油工程安全事故的伦理分析

5.5.1 我国石油工程伦理建设情况

为了应对全球气候变化，由国际社会所倡导的低碳发展模式加快了石油行业的工程伦理建设。发展低碳经济的初衷是为了解决温室气体的排放问题，但是现在其以发展为政治和国家战略问题，不再是之前的技术和经济发展模式问题。从而，正在引发一场全球性革命，将会深刻影响到人类社会的生产模式、生活方式和价值观念。目前，我国的 CO_2 排放量位居全球第二，减排工作面临着越来越大的国际压力。为体现大国应用的责任与担当，我国政府于 2009 年 11 月首次量化温室气体减排目标。我国政府向全球承诺，在 2020 年做到我国单位国内生产总值 CO_2 排放将比 2005 年下降 40%~45%。

作为 CO_2 高排放的行业，石油石化行业首当其冲，“三废”排放量在全国各行业中均属前列。在向低碳模式转型发展的过程中，需要给予伦理审视，以相应的伦理准则对其工程活动加以指导、约束和规范。

1. 企业管理中的伦理内涵

HSE 管理体系普遍应用在石油行业中，其内涵为健康、安全与环境(Health, Safety and Environment)。该体系首先是由荷兰某石油公司于 1991 年颁布的健康、安全、环境方针指南，而后迅速风行于世界上各大公司。其突出了“以人为本、预防为主、全员参与、持续改进”的先进理念，从而确保石油天然气工业实现现代化管理，走向国际化。《石油天然气工业健康、安全与环境管理体系》(ISO/CDl4690 标准草案)由国际标准化组织 ISO/TC67 的 SC67 分委员会于 1996 年发布。随后，作为我国行业标准的《石油天然气工业健康、安全与环境管理体系》(SⅥ627 仁 1997)于 1997 年颁布实施。风险识别和控制是 HSE 管理体系的核心环节，其根本目的是为了控制和消减风险，其最终目的是保护人的健康、生命财产安全和保护环境，这一目的本身就具有深刻的伦理内涵。多年来，各石油企业均积极推广实施 HSE 管理体系并持续改进，有效控制了重大灾害事故的发生率和伤亡率。

案例 1：中国石化的 HSE 管理体系建设。作为石化行业的龙头企业，有健全的 HSE 管理组织体系应用在中国石化。公司设有 HSE 委员会，总部设安全环保局，安全环保部门在每个生产企业都有设置，重点生产装置配备了安全工程师。公司建立了具有自身特色的 HSE 管理制度体系，并结合实际持续改进完善，做到了各项工作有章可循。作业许可证制度和安全确认制度在风险高的直接作业环节中被严格的执行。严格执行国家有关“三同时”的法律法规，确保新建和改扩建项目职业健康、安全与环境保护设施与主体工程同时设计、同时施工、同时投入使用。2010 年，公司制定完善了 HSE 观察、HSE 标识规范、事故隐患治理项目、油气长输管道安全、石油与天然气井井控、海上石油作业安全等 26 项管理制度，同时进一步优化调整 HSE 管理职能。

案例 2：中国海油的“五想五不干”行为准则。“五想五不干”是中国海油于 2006 年在基层 HSE 管理中所提出的，随后被推广应用到整个中国海油，成为中国海油现场作业安全行为准则。其包括“一想安全风险，不清楚不干；二想安全措施，不完善不干；三想安全工具，未配备不干；四想安全环境，不合格不干；五想安全技能，不具备不干”。贯彻落实“五想五不干”成为中国海油所属单位的一项重要工作。2007 年，中国海油重新修订了《中国海洋石油总公司健康安全环保管理理念》，突出了安全发展、以人为本、持续改进、社会责任和环境保护等中心内容，并将“五想五不干”的安全行为准则融入新理念，体现了重视现场管理、注重细节、控制风险的 HSE 管理思想。

透过石油企业的健康安全环保管理体系，我们可以看到，重视员工和公众的健康、安全，重视环境保护等伦理要求，正在不断融入到企业管理体系并深入到基层实施和现场管理中。

2. 项目决策中的伦理介入

石油企业在工程项目的决策中，能够介入伦理因素，使决策不仅仅是经济决策，同时也是伦理决策。决策伦理的发展是工程伦理实践发展的重要体现之一。

案例 1：中国石油项目决策纳入生态保护因素。为了从根本上进行环境保护，中国石油集团聚焦于生产建设的源头，环评不通过坚决不立项，排放达标才能生产，积极推行清洁生产、减少污染排放，注重生态保护与恢复，充分考虑到生产建设与生态环境的矛盾，尽一切降低对环境的影响。例如，在西气东输管道建设项目中，用于水土和生态保护的投入占总投资的 3.6%，仅为了保护好阿尔金山野骆驼自然保护区，公司将 200 公里长的管道向北平移，增加长度 15 公里，增加投资 2 亿元。位于沙漠腹地中的新疆石西油田，自然环境和气候条件十分恶劣，公司创造性地以沙生植物为主开展大规模的生态恢复建设，在昔日沙丘连绵、寸草不生的沙漠中，开发出了 80 多万平方米的绿洲，实现了生产与环境、人类与自然的和谐相处。

案例 2：中国海油为保海域清洁建设溢油应急项目。据中国海油《2010 年度报告暨可持续发展报告》，中国海油建立了我国第一家市场化运作的、具有二级溢油应急响应能力的专业化环保公司。该公司具有国际一流的溢油应急响应设备、国际先进的溢油漂移轨迹预测软件、专业化的溢油应急响应程序体系、经验丰富的高素质专业队伍和雄厚的科研力量，填补了国内溢油应急响应领域的空白。目前拥有 7 个溢油应急基地，正在规划新建 7 个应急基地，逐步完善覆盖整个中国海域的溢油应急网络。

案例 3：中化集团的绿色制冷剂项目。据中化集团《2010 年可持续发展报告》，中化集团大力发展氟化工产业，产品中的 ODS 替代品作为绿色制冷剂，是消耗臭氧层物质的替代物，有效降低了对臭氧层的破坏。集团下属的中化某公司成为国内生产 ODS 替代物品种最多的企业，产销能力居世界前列，其中氢氟碳类替代品产销能力居亚洲第一、全球第三。2010 年，ODS 替代品由中化蓝天生产的起到了明显的效果，降低了约 6 万吨的消耗大气臭氧层的物质。类似以上的工程项目决策中，项目方案或产品方案的选择在很大程度上是受到保护生态环境的伦理责任思想的介入影响。

3. 工程活动中的伦理约束

工业生产的首要目标是追求经济效益，石油工业也不例外。但是工业生产并不是无所顾忌、率性而为的，而是要受到很多方面的限制约束，包括对公众利益和对生态环境伦理责任的约束。石油工业责任伦理正逐步发展，伴随着的有部分伦理准则的要求已经转化体现到石油企业相关技术标准中。这些标准的形成和石油相关企业对这些标准的执行，是工程伦理在工程实施中重要的体现。

案例 1：中国石油工程设计手册中的风险管理与“三废”标准。由中国石油集团公司咨询中心组织修编的《石油和化工工程设计工作手册》，是国内第一部涵盖石油天然气上、中、下游工程建设领域的权威工具书，全书共分 12 册，包括了石油相关工业中油气田地面、油气管道、油气储库、海上油气田、炼油、化工等工程建设项目的主要设计规范与指标。其中的各个环节相关设计都给出了风险识别和控制办法，只要是涉及“三废”排放的相关环节都给了相应的控制标准，这是对安全、环保伦理准则的直接体现。

案例 2：中国石化的减排成效。中国石化集团作为大型能源化工公司，从生产到消费的全过程都加强了清洁管理(图 5-1)，大力争取控制并减少各个环节污染物的排放。在 2010 年，中国石化集团向外排放废水处理的达标率始终保持在 96%以上，其中废水的 COD 量同比减少 2.1%，SO_2 排放量同比降低了 6.9%，主要污染物的相关减排已经提前达到了国家制定的“十一五”目标(表 5-1)。

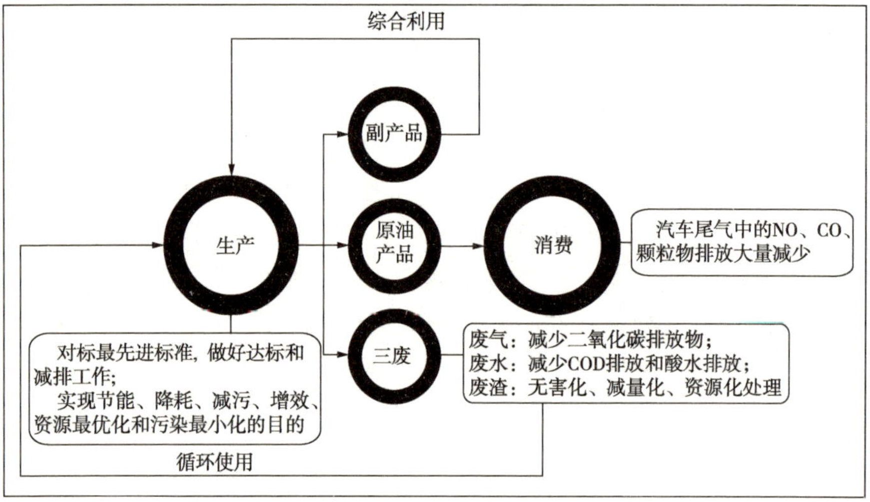

图 5-1　中国石化全过程清洁管理

表 5-1　2005—2010 年创建清洁生产企业活动情况(据中国石化官网)

清洁生产方案总数	4655 个
已投入资金	140127 万元
污水削减量	3962 万吨/年
污水中 CODcr 削减量	4319 吨/年
已实现废气削减量	87130 万立方米
已实现废气中 SO_2 削减量	23136 吨/年
已实现废渣削减量	13987 吨/年

4. 约法规制中的伦理准则

伦理准则的法制化程度可以很大程度上反映伦理建设的水平。国际公约、国家法律法规、各行各业规章制度等约法规制，也包涵和体现了很多的伦理准则。石油企业遵守并执行这些约法规制，其实也在履行其中的伦理准则。融涵工程伦理准则的约法规制的建设合发展，表现了工程伦理法制化建设的效果。长期以来，此类约法规制不断丰富完善，有些已经形成体系，我们选取部分有代表性的列举如下，并对其伦理体现予以关键词形式的说明(表 5-2)。

表 5-2　法约规制中的伦理准则(据国家四大石油公司网站及其社会责任报告有关内容整理)

类　型	制定者	名　　称	伦理体现
国际公约与标准	联合国	联合国全球契约(GLOBAL COMPACT)	人权、劳工、环境和反腐败
	联合国	联合国气候变化框架公约(UNFCCC)、京都议定书、哥本哈根协议	应对气候变化
	经济合作与发展组织(OECD)	跨国公司行为准则	劳工权益等社会责任
	国际标准化组织(ISO)	ISO26000 社会责任指南	社会责任
		ISO14001 环境管理体系	环境保护
		石油天然气工业健康、安全与环境管理体系(ISO/CD14690 标准草案)	健康安全环保
本国法律法则	中国政府	劳动法	劳动者权益
		产品质量法	公众利益
		消费者权益保护法	
		环境保护法	环境保护
		海洋环境保护法	
		大气污染防治法	
		节约能源法	节能
		可再生能源法	
他国法律法规(以中石油海外业务国之一的哈萨克斯坦为例)	哈萨克斯坦政府	环保法	环境保护
		大气排放环境标准条例	
		石油工业企业空气环境控制与行业细则	
		资源保护法	资源保护
		地下资源和自然资源法	
		生态法	生态保护
		动植物保护法	
石油行业与石油企业规章制度	中国石油	石油天然气工业健康、安全与环境管理体系(SY/T6276—1997)	健康安全环保
		节能节水统计管理规定	节能减排
		环境统计管理规定	
		石油员工健康手册	员工权益
	中国石化	石油天然气管道保护法	安全
		HSE 观察卡管理规定(试行)	健康安全环保
		员工培训管理规定	员工权益

续表

类　型	制定者	名　　称	伦理体现
石油行业与石油企业规章制度	中国海油	健康安全环保管理理念	健康安全环保
		危机管理预案	
		气候应对政策	
	中化集团	HSE 管理体系指南	健康安全环保
		员工 HSE 手册	

5. 社会评价中的伦理反馈

石油企业获得了很多社会评价，从中我们能看到社会各方对石油企业履行伦理责任的反馈和评价。

获得社会各界授予的荣誉奖项情况是反映社会评价的重要方面。国务院国资委授予中国石油集团公司“2007—2009 年任期考核节能减排特别奖”，哈萨克斯坦政府授予中油阿克纠宾油气股份公司“2010 年度企业社会贡献特等奖”。2010 年，在新华社、人民网的组织评选中，中国石化集团公司分别获得“中国企业社会责任榜杰出企业”和“人民社会责任奖”称号。国务院国资委授予中国海油总公司“‘十一五’央企节能减排优秀企业”称号，且中国海油总公司在中华环保联合会和中国企业报社组织的评选中获“2009 年节能减排功勋企业”称号。中化集团公司在信用和国际商业协会（FCIB）组织的评选中获“最佳信用管理公司”称号。

这些奖项只是石油企业在最近几年获得的与履行伦理责任有关的荣誉奖项中的很小一部分，且这些奖项的组织评选者不仅有相关政府部门，还有行业协会、媒体等非政府组织，还包括国际协会与外国政府，所以，这些荣誉奖项是可以作为社会评价的分析依据的。透过这些荣誉奖项，可以看到社会各界对石油工业企业履行伦理责任行为的赞扬与肯定，同时也表达了对此的持续期望。

5.5.2　石油工程安全事故及应对措施

能源是一个国家社会发展的动力源泉，决定着一个国家的经济发展、竞争实力和综合国力。石油和天然气作为重要的能源，其开发和合理利用受到各国的普遍重视。但随着能源的开发利用，随之产生的安全生产事故也越来越多。生产事故是指在生产过程中造成人员死亡、伤害、财产损失或其他损失的意外事件。因此，为了达到能源合理稳定开发的目的，石油安全生产中出现的一系列问题亟待解决，尤其是石油钻井过程中的一些安全事故。

生产工作对于提高石油和天然气产量至关重要。在石油钻井工作进行过程中，对石油钻井的安全管理和监护是非常严格且不容忽视的，工作人员的安全钻、固和完井技术必须要过硬，并且在工作过程中工作人员要保持严格负责的态度，只有这样才能尽可能减少生产事故的发生。因此，在建立健全石油钻井的政策与法规法制，认真仔细落实与贯彻安全生产管理体系，强化安全监管监制等各个方面都要不断加强，而且现有的钻井工程技术尚不完善，还要不断的创新探索，以达到高效钻井安全生产的目的。

1. 石油钻井工程中的安全事故

1）石油钻井的一般程序

钻井是指使用专门的设备和技术，在预选的地表位置，向下或一侧钻出一定直径的孔眼，直到沟通地下油气层。钻井的主要程序包括：

(1) 钻前准备：定位井，铺修公路，平井场，打基础，设备搬运，设备安装和井口准备工作。

(2) 钻进：钻进，洗井，接单根，起下钻，固井，地质录井，测井，事故处理。

(3) 钻井过程：表层套管，技术套管(地层复杂)，生产套管。

(4) 完井和试油：钻开油气层，选择合理的完井方法，安装完井井口装置，试油。

钻井是一项多专业、多工种配合的野外作业，工作条件差，安全工作难度高。钻井设备庞大而复杂，运作部件多，管线压力高。钻井是一项不可见的地下工程，存在很大的模糊性、随机性和不确定性，具有很高的风险。

2）常见钻井事故及处理

A. 卡钻事故

钻柱在井眼内的某个井段被卡住，导致整个钻柱不能上下转动失去自由的现象称为卡钻。造成卡钻的因素不同，按不同性质卡钻分为落物卡钻、粘吸卡钻、键槽卡钻、砂桥卡钻、缩径卡钻、坍塌卡钻、泥包卡钻等。

卡钻事故处理：保持水眼通畅，保持钻井液循环；活动钻具，上下提拉或扭转；注入解卡剂，浸泡卡钻部位；使用震击器震击；套铣，倒扣；在鱼顶的上部进行侧钻作业。

B. 钻具断落事故和井下落物事故

钻具断落是钻井过程中的常见事故。事故的主要类型：钻杆折断、钻铤及井下工具折断、刺扣、滑扣、粘扣、脱扣等。

井下落物事故。井下落物是指碎小的不规则或没有打捞部位或不能与打捞工具相连接的落物，如牙轮、刮刀片、手工具等。这些落物掉到井下，会给钻头的正常钻进造成一定困难。落物掉到钻头或钻具稳定器上会直接产生阻力，使得起下钻挂卡。落物嵌入井壁，在起下钻过程则会随时有可能掉入井底或者钻头上部，产生隐患。

主要的处理方法：首先要根据事故的现象准确判断发生事故的类型，然后根据技术手册选择适当的各事故处理的操作方法。

C. 注水泥作业中的复杂事故

在固井注水泥作业中，由于地层因素、器材或技术等因素，注水泥作业会产生漏失、憋泵、窜槽等复杂事故。

2. 石油安全生产应对措施

(1) 安全技术方面，主要是以工程技术手段来解决石油钻井生产过程中对“物”的不安全状态，以达到预防事故，减少事故造成的损害的目的。

采取安全技术措施的基本原则是选用消除措施。一方面，从根本上消除危险因素，通过一定的技术和手段使生产设备、系统本身具有一定的安全性，这样即便工作人员产生了错误操作，也不会造成事故，比如使元件相互制约，机器在违章操作时不能启动或处在危险状态时自动停止。另一方面，要加强安全技术的创新，用新技术新发明代替老的技术，实现生产的本质安全。

若无法消除，采取隔离措施。当无法消除时，应尽量对危险因素加以屏蔽和隔离，减少对人的伤害，例如在钻井施工现场佩戴安全帽、手套、穿防护服等。最后采取限制性措施。当事故已发生或危险因素在施工作业中无法避免时，则应该采取限制措施使危害降低到最小，坚持以人为本的原则，比如，在钻井过程中发生井喷，人员向上风口撤离。

(2) 安全管理方面，主要包括安全教育和安全管理。首先是安全教育。人为因素是施工作业的最主要的部分，据调查，石油安全事故中九成以上都是由于人为的操作失误和对作业的不负责任，于是，对相关操作人员进行专业的安全知识教育和安全技术培训是非常重要的。例如，在年初召开一次全面系统的安全会议，面向全体职工，也可以通过广播、报纸、影视等媒介对职工进行安全教育，还可以组织相关的安全活动，可以以小班、科室为单位，并且每月规定一定的次数。

油田必须要全面落实以人为本的安全理念，并且要细化到具体工作中，坚决杜绝以生命、健康为代价换取油田高效生产。还要大力强化安全监管制度，几代石油人挥洒鲜血付诸生命铸就的油田的标准与制度，经过了系统科学的分析和归纳，具有十分重要的指导意义，因此必须要严格执行各项制度标准和规定。油田大部分的事故是由于施工人员的不负责任，如对规范的忽视，对操作规程的不遵守，执行力不足等。最后，健全安全、环保的 HSE 管理制度，以实现安全生产的可持续发展。

5.5.3 石油工程安全管理

目前，我国经济发展表现出既高速又稳健的良好状态，各方面实力与日俱增。然而放眼全球来看，各个国家为提高自身实力，在国际舞台上占据有利地位，掌握话语权和发言权，纷纷投身于石油资源的争夺战中，各国油气资源安全再次面临威胁。国家之间对石油的供需关系的不平衡，进一步激化了国际石油安全问题。为了使中国经济发展能更好地适应国际石油供需关系的微妙变化，同时保证石油工程的开展得到有效的安全管理，我国进一步加大对石油工程管理研究的力度和深度，对石油工程安全管理的风险管理中具体问题进行具体分析，以保持我国经济高速稳步的发展为基本要求，认真落实石油工程的安全管理为原则，及时发现潜在隐患，保障油气资源战略储备，为我国人民创造幸福的生活。

1. 石油工程安全管理的概念

目前，石油与天然气是我国能源的主要支柱，其在推动我国经济增长、提高人民生活水平等方面具有不可或缺的作用。虽然总体而言我国地大物博，但是相对中东诸国和美国等产油大国，我国的油气储量并不丰富，人均占有量在国际上属于较低水平，因此我国是典型的油气资源稀缺国家。当下我国社会经济和科学技术都处于高速发展的阶段，石油资源的充足供应是对继续发展的有利保障。然而我国国内自采自产的石油量完全无法满足上述需求，更大的石油需求缺口依赖从国外进口的方式得以弥补。然而，长期依赖国外的油气资源，相当于自身命脉被他人把握住，一旦发生国际关系的变化，我国将要面临严重的能源安全问题。为了尽早有效地规避石油资源危机，就需要尽快完善石油工程的安全管理工作。

石油资源在科学技术发展及社会生产中的地位不容置疑，只有在保证其能得到良好持续的供应条件下，其对社会发展的重要作用才能得到有效的发挥。然而，一些政策上的空白和管理方法上的不足仍然存在于我国石油工程风险管理中，限制了石油安全风险管理工作的有效开展。主要有以下两方面的问题。

(1) 缺乏科学系统的管理机制。我国对石油工程安全风险管理处于起步阶段，没有完善的机制和专门的机构部门对各方面可能出现的风险问题进行有效应对，不能从宏观上把控各种石油安全风险问题。在进行风险管理工作时，对出现的各种问题都只能被动的应对，安全的屏障十分脆弱，抗风险能力较差且安全余量较小，面对严重的安全问题冲击就可能全面崩溃。此外，对安全问题的处理存在大量的信息孤岛，不能从大局上进行分析和把握，难以依据已有的案例评估新问题并执行相应的决策，致使管理职能无法有效发挥。总体上而言，我国的石油工程安全风险管理工作尚未建成一个集预防、应对、总结、自我完善为一体的完整系统和机制，导致管理被动仓促，管理风险居高不下，管理成效乏善可陈。

（2）缺乏有效的应对措施。开展石油工程安全风险管理工作的最终目标是将风险消灭在襁褓之中，阻止风险发展成损失。这就体现了预防工作的重要作用，要求我们在事前尽可能将风险降到最低程度。但是，当前我国在石油工程领域的风险管理工作大多只能在风险发生或者已经扩大的情况下被动弥补，大部分职能部门疲于应对，无法将风险控制在可处理的掌控范围之中。

2. *石油工程作业中的安全管理*

石油工程本身具有高风险特点，这是石油工程与其他项目显著差异的地方。在石油工程作业中，安全的红线一直是施工人员不可逾越的警戒线。可能的隐患存在于石油工程作业的每个环节，并且任何微小的疏忽都可能造成严重的人员伤亡和不可估量的损失，历史上已经发生的石油开采安全事故是石油行业永远的血的教训。因此，石油工程施工必须在安全管理工作上尽善尽美，对可能的风险和危机秉持零容忍的态度。石油工程的安全生产对石油行业的健康发展具有重要的影响，安全管理是实现石油行业基本生存与发展的保障。

石油工程中出现风险的可能原因有：石油工程规模大；诸多新技术、新设备、新材料运用于行业中，施工存在较多的未知因素；新标准不断应用于工程，施工变动较大；生产环境和作业面特殊；石油工程中涉及科学领域较多、所需知识量较大。

1）钻井作业安全管理

在钻井和井下作业中，有些偶然情况不可避免，施工风险大量存在，是危害的高发区。针对其中可能存在的隐患，可以从以下几个方面进行分析。

钻井工程的地面工作具有潜在危害性，轻则造成一定程度上的损伤，重则危害生命。在井场搬迁运输过程中，操作人员可能会受到设备意外伤害，或者其他危险物品产生的危害。二是发生井喷严重事故，钢丝绳甩动、井下管柱断裂喷射出井口、高空落物、井架倒塌、电力系统漏电等也是容易造成人员伤亡的潜在隐患。三是在含硫地层进行钻井作业时，硫化氢气体可能从井下或地面中的管线里溢出，可能造成严重的集体中毒事件。四是注水泥作业过程中，水泥粉尘弥散于空气中，工作人员长期吸入后可能造成不可逆转的身体损伤。五是钻井发生的风险可能性较多，可变范围大，其危害有些具有突发性，有的影响时间短，有的影响时间长，甚至可能出现永久性的影响。六是对周围环境的影响较大，可能造成难以恢复的环境污染问题。

2）压裂酸化施工安全管理

压裂(酸化)施工等开发作业工序较多，流程复杂。施工管线处于高压状态下，并且可能出现钻井过程中无需考虑的化学伤害。其造成的危害可以具体阐述为如下几个方面：一是在完成压裂(酸化)作业之后，可能由于地面上安装的固定防喷管线布置不合理，进行防喷作业时高压导致管线破裂，高压气体携带固体颗粒飞溅伤人。或在其中使用的水力锚或封隔器失效，导致管柱上顶井口抬升，存在设备破坏和人员伤亡的风险。二是在施工过程存放和使用危险化学物品时，因化学品泄露或挥发，作业人员受到伤害。压裂检测仪表中的放射性元素可能发生泄漏，作业人员受到放射性伤害。在工作液的配制过程中，酸液及其挥发物同样具有危害性。此外，腐蚀性废气或油类泄漏物也可能造成人员损伤。三是在压裂(酸化)过程中，产生的噪音会影响施工人员的听力，对神经系统也可能造成不良影响。

3）油气开采过程中的安全管理

油气开采作业较易发生火灾、爆炸、物体打击、机械伤害、触电、高处坠落和中毒等事故。采用合理的危险性分析方法，挖掘不同种类的事故发生的根源，确定安全技术标准应针对的重点对象，可避免事故的发生。

A. 火灾、爆炸危险性分析

油气开采作业的火灾、爆炸危险大体可分为油气火灾、物理爆炸、电气火灾等三种类型。在油气开采的事故种类中，虽然火灾、爆炸事故的发生几率较低，但是后果却很严重，往往造成人员伤亡、财产损失等恶性后果。从根源上消除危险状态，是避免该类事故发生的最好办法。

a. 油气火灾

抽油机等开采设备都充满或存在易燃的石油与天然气。设备破损、故障、人员误操作等异常状态都可能会引起油气泄漏，如果不及时清理，泄漏的油气一旦遇到点火源就将发生油气火灾。例如，井口跑油、储罐溢油等油气泄漏事件未及时处理，如果存在明火，就很可能发生事故。

b. 高压设备物理爆炸事故

油气开采系统中存在着大量的高压设备，如联合站的蒸汽锅炉。由于先天设计缺陷、维护管理不善、人员误操作等原因，造成高压设备故障、失效。一旦内部压力高于设备外壳的承受强度，不能及时泄压，就可能发生物理爆炸事故。

c. 电气火灾

油气井区、场站大量使用电力装置，以维持设备的正常运行。由于绝缘层老化、破损、过载运行、雷击等原因，电力装置就可能漏电。不但容易发生电气火灾，而且为油气火灾的发生提供了点火源，导致两种火灾的发生。

B. 物体打击危险性分析

物体打击会对现场作业员工的安全造成威胁，容易引起砸伤、撞击等伤害，甚至威胁到施工人员的生命。在油气开采事故中，物体打击事故的发生频率较高，后果严重。究其原因，主要有员工、设备、应急设施、警示标志四个方面。

C. 机械伤害危险性分析

机械伤害主要是由机械设备运动(静止)部件、工具等直接与人体接触引起的，可能会引起夹击、碰撞、碾、刺入等事故。各类设备的尖端、传动等部分都有可能对现场作业员工造成伤害，同时机械伤害发生的几率较高，对机械伤害进行危险性分析是必要的。运用鱼刺图分析法挖掘机械伤害的根源，主要分为两个方面：人的不安全行为、机械的危险状态。

D. 触电危险性分析

油气开采的作业区域，尤其是生产井区，铺设了纵横交错的电力电缆，摆放了多种功能不同的电力设备。各种电力设施在确保生产高效进行的同时，也相应地提高了生产的危险性。维护管理工作执行到位，不但保证作业进度，也保证了作业过程的安全。反之，电力设施的维护管理工作有遗漏之处，就有可能发生触电事故，造成人员伤亡，导致开采作业的停止。采用事故树分析法找寻触电事故发生的根源，主要有两方面：带电设备的漏电状态和人的危险行为。

E. 高处坠落危险性分析

油气开采作业现场布置了井架、抽油机等大型设备。出于作业、维修管理工作的需要，员工必须攀爬至井架、抽油机等大型设备的平台，在数十米的平台上进行高处作业。高处作业对员工、设备提出了更严格的要求，提高了员工作业的风险。员工、设备任何一方面达不到要求，就很容易发生高处坠落事故。高处坠落事故的发生几率高，后果严重。

F. 中毒事故

石油、天然气是油气开采作业的主要产物，不但具有可燃性，还具有一定的毒性。尤其是含硫化氢的天然气，毒性更强，危险性更大，很容易引起人员中毒、窒息，甚至死亡。由于密度比空气大，硫化氢很容易在低处积聚，并扩散至很远的区域。硫化氢主要通过吸入的方式进入人体的呼吸道，刺激黏膜，与血红蛋白作用形成硫化血红蛋白，导致人员中毒窒息。通常，硫化氢在大气中的浓度超过0.195mg/m³时，人员可嗅到明显和令人讨厌的气味。随着浓度的增加，嗅觉就会疲劳；浓度达到28.83mg/m³时，暴露在含硫化氢的空气中超过1h后，人员会感到眼睛有烧灼感，呼吸道受到刺激，这是美国职业安全和健康局可接受的上限值；随着浓度的进一步增加，人员暴露在空气中的时间会急剧缩短，同时眼睛受到严重刺激或伤害，呼吸道的刺激更明显，甚至失去意识，危及生命。

油气开采中毒事故，特别是硫化氢中毒事故时有发生，严重威胁到现场作业人员的安全。采取合理的方法对其进行危险性分析，挖掘事故的根源，是避免该类事故发生的最优方法。

4）修井过程中的安全管理

修井作业中的危害和影响可以分为如下几种：①井喷重大伤亡事故。②井场搬迁设备运输过程中的交通事故。③落物导致人员伤亡。④井架、修井机因地面不稳定导致倒塌，砸伤人员。⑤施工人员从井架上失足跌落。⑥修井作业时，硫化氢泄露造成中毒伤害。⑦钢丝绳、施工管柱断裂击伤施工人员。⑧进行找串、找水等检查作业中，同位素元素泄漏辐射施工人员。⑨完成封串、堵水等水泥作业时，水泥粉尘对人员造成的伤害。⑩热力清蜡或对锻炉进行冲洗作业时，由于管线泄漏，高温液体溅射烫伤操作人员。电力系统漏电造成人员触电。潜在的危险化学品在运输、储存、作业中对人员的伤害，化学品泄漏失控。

5）石油储运过程中的安全管理

石油储运过程中面临着多种非安全因素，针对各种因素采取有效处理措施，才能保证石油安全，推动石油企业长足发展。①石油储运过程中的非安全人为因素。在石油储运操作中，人为因素是非安全因素中的主要组成。首先，操作人员和指挥调度人员因专业水平的不足导致工作中出现相应失误，其安全事故占比在总体石油管道事故中高达20%。其次，偏远地区因管理不善，人为打孔盗油现象不单导致油品发生泄漏引发污染，还将损坏管道，甚至引发爆炸事故。②储运设备的腐蚀与损害。管道是石油储运的重要设备，其能完成原油、成品油和天然气的储运工作。因石油含有硫化物和酸性物质，会对管道造成腐蚀，加上土壤外部的长时间腐蚀作用，使得管道容易出现破裂，导致油品挥发和泄漏。当遇到高温或静电时，极易发生爆炸事故。③油品蒸发。在石油装卸和运输过程中，油品存在着多种蒸发损耗形式，除自然通风损耗和清罐损耗外，还包括大小呼吸损耗和空容器装油损耗。油品蒸发损耗不仅造成油品总量的减少，还会在蒸发到空气中时遇到明火引发爆炸。同时，石油蒸汽对于人体健康有恶劣影响，在发生光化学反应后则造成大气环境的严重污染。④静电。石油装卸中除人体带电和流动带电外，喷射带电、感应带电和液体沉降带电等均是石油储运中静电产生的主要类型，而在石油运输过程中油品的流动带电则最为常见，其在和空气接触时产生电荷并逐渐产生管电流。当管电流无法被有效导走，其聚焦之后便产生火花并引发火灾。

6）在石油化工消防中的安全管理

石油化工工程消防设计也是安全管理的重要一环。泡沫灭火器系统是常用的灭火工具之一，但是很多施工单位对其使用和操作都存在不规范的地方，需要进一步加强教育和培训工作。一些工程人员未能充分理解其工作原理，在使用其进行灭火消防工作时，不能有效发挥其作用，完成整个工作，造成了人力物力的浪费，未能挽回相应的损失。消防控制室在接收到火警警报时，由集中火灾报警控制器 PLC 控制系统显示火情的具体位置，同时联合远程控制等关闭系统。控制方法也分为两种，分别为消防联动控制或者手动控制。

大型石化油库的火灾自动报警方案，主要有消防和自救两个方面。当火灾发生后，报警信号传送到消防值班室的报警器处，并伴有声光报警。在值班室工作的人员通过监控或通迅系统确认着火情况后，开始启动消防控制系统，通过程序打开消防设施，对储罐进行冷却和灭火。在这种情况下若没有值班人员确认火情的发生，消防系统也能自动检测报警信号后产生应急相应自动完成消防操作。

5.6 石化企业环境信息公开

5.6.1 环境信息公开的重要性

所谓环境信息公开，是根据法律法规要求，依据和尊重公众知情权，政府和企业以及其他社会行为主体向公众通报和公开各自的环境行为，从而达到利于公众参与和监督的目的。这是目前环境污染加剧的大局面和环保运动兴起的大趋势下，人类对环境管理的必然需求，这项工作的展开有利于推动改善环境现状、减少污染物的排放、消除环境事故风险、避免环境问题导致的群众矛盾等。环境信息公开包括政府环境信息公开和企业环境信息公开。这里主要阐述企业环境信息公开，其主体包括重污染行业和上市公司。冶金、化工、石化、煤炭、火电、建材、造纸、酿造、制药、发酵、纺织、制革和采矿业等对环境的破坏风险最高。它们的运转受国家政策法律的影响最大，企业对环境的影响也最大。重污染企业是环境治理工作的重心，环境信息披露也应该把重污染企业放于首要地位，把重污染行业作为企业环境信息公开主体是我国环境法规要求的有力实施方式。对于石化行业来说，石油化工是国民经济发展的支柱产业，但是由于石化企业对于环境存在如大气环境影响、水环境影响、环境噪声影响、生态环境影响和土壤环境影响，石化企业是我国工业界的污染大户，需要进行环境信息公开。环境信息公开具有举足轻重的意义，环境信息公开的重要性主要包括以下几点。

（1）环境信息公开是公众参与的突破口。信息公开不仅公开了环境质量信息，也公开了企业对环境的影响和行为，成为群众了解和监督企业环保工作的必要条件，这有利于促进企业与公众之间的沟通，增强以协商的方式解决矛盾和冲突，对企业和公众的良性互动有积极的推动意义，有利于形成一个团结一致的集体参与到环境保护工作中来。在当今信息时代，公众能参与到环保工作中的前提条件，首要的就是能有效地获取相关信息资料。社区群众、新闻媒体、民间环保组织等在掌握相关信息之后，不仅能给企业带来法律和舆论的压力，还可以从市场方面施压——群众了解企业的违法行为，可以拒绝消费该企业的产品，迫使其做出改变。在信息社会，信息是一个企业生存的命脉，舆论的压力会严重影响到一个企业的良性运转和市场的占有。尤其在执法难度较大、地方保护主义风气盛行的某些地区，单纯依靠相关部门的单薄的执法力度是不足以解决问题的。通过信息公开的方式，从舆论角度出发形成市场效应，从而督促企业对其行为进行规范，可以成为协助环境执法的新途径和保护环境的新措施。

（2）环境信息公开是企业承担社会责任的推动器。环境信息公开保证企业排放污染物受到有力的监督。公众了解企业应该遵循的排放标准和应当遵守的环保法律法规，当其排放相关达标等信息在公众面前展示出来时，就能杜绝企业的暗箱操作，铲除违法行为滋生的土壤。环境信息公开保证对企业污染排放等情况实施有效监管。环境信息公开也能增加执法的“底气”，让环保部门专心开展核查、监督，铁腕处罚环境违法行为。相关标准法律不仅仅有利于改善环境污染问题、减少生态破坏，而且能鼓励企业承担社会责任、树立良好的社会形象，从而对社会造成积极影响作用。当企业的信息被隐瞒，群众没有渠道获悉时，市场的平衡往往是倾斜的。那些超标排放的企业可以通过牺牲环境为代价来谋取私利、通过减少环保成本来占据市场，严重影响到那些遵纪守法的企业的合法权益。长此以往，不仅生态环境遭到不可逆转的破坏，而且人们的道德标准受到侵害，形成缺德者得利、积德者失利的不良舆论风气。环境信息公开是调整市场公平的有效杠杆，通过这种方法，可形成公平和公正的竞争环境。让那些履行社会责任的企业站在聚光灯下，树立正面形象、赢得大家的认可，而让违法违纪的企业受到惩罚。这样逐渐形成健康积极的企业风尚、促成企业绿色管理和市场绿色营销，让企业承担责任成为社会风气。

（3）环境信息公开是政府行为的导航灯。在经济急速增长和严重的环境恶化的双重条件下，如何实施环保政策法规达到维系经济和环保和谐发展的目的，这是执政者面对的难题。信息公开无疑是政府获得人民群众这一广大力量的有效途径。2006 年全国重大环境污染事故发生 161 起；环境投诉人次高达 60 万人，比 2005 年增加 30%。面对如此惊人的数据，政府官员和人民群众都应该有所作为。竭泽而渔的开发方式和粗放式的发展路径，必然把中国引向环境失调、经济失控、社会失衡的黑洞中。环境信息公开使政府能够获取民间力量的支持和帮助，不仅有助于对污染本事的治理，还有助于解决企业与社会之间因为环境问题引起的矛盾与冲突，有助于社会的稳定和和谐。同时，有利于纠正目前有些地区兴起的以环境代价作为政绩的扭曲政绩观、让那些坚守良性发展为底线的官员受到人民的认可，建立绿色 GDP 的价值观念和政绩考核方式。

（4）环境信息公开是保护公共利益的需要。环境对人类有着重要的意义。环境是人类生存和发展的必要环境，为人类提供各种生活资源和生产资料，为人类在环境中建立生活生产的场所，环境与每个人的生存发展紧密相连。一方面，企业在其生产经营活动中，对生态环境产生影响不可规避，从而影响到活动所在地和周边范围内的人群权益。企业公开环境信息，有利于公众对企业的运营进行监督，阻止企业进行破坏环境的生产行为，进而达到保护环境的目的，维护人民的合法权益。另一方面，企业环境信息公开可以促进绿色消费方式的传播和普及。绿色消费是可持续发展观念在消费群体中的体现，其以适度合理的消费，尽量避免对环境造成破坏和不良影响，追求自然和谐、保护生态平衡等为特点。企业环境信息公开可以使得群众以消费者的身份对产品从生产到运输到消费等各个环节中，是否破坏生态环境、破坏达到何种程度的情况有清晰的了解。群众只有在悉知环境问题真实性的前提下，在绿色消费观念的引领下，选择消费对环境更有益的产品，达到保护社会利益的目的。

（5）环境信息公开是有效预防、应对环境突发事件的有力手段。在国际上应对环境突发事件和环境灾难的先例中，环境信息公开是各国应对此种问题的有效措施，同时也是应对机制体系中的重要内容。这种方法对有效预防环境突发事件有着显著的成效。

5.6.2　环境信息公开的有关法律、法规要求

虽然环境信息公开具有十分重要的意义，但是目前企业环境信息公开仍存在

诸多问题，如环保监测数据造假屡被曝光、环境数据失真等。究其原因，一方面从动机来看，地方政府受环境目标考核以及企业受经济利益驱动为主要因素；另一方面，环境信息涉及诸多领域的专业知识，还有不少是随机变化的动态信息，重点排污单位公开的环境信息是否通俗易懂、能否及时更新，都直接关系着信息公开的效果，也就是公众监督的可行性，但由于目前企业数据造假的违法成本较低，对数据造假没有处罚，即使被发现或曝光，企业的损失也不大，这无疑助长了企业的投机行为。我国化工企业数量庞大，工艺复杂多样，仅靠安全、环保部门的监管，虽然可以对企业违法排污现象有所遏制，控制企业明目张胆的直排，但是转而采取夜间偷排、假日偷排、雨天偷排等方式的企业仍然不在少数。企业应对环保检查的手段也越来越高超和隐蔽，治污设施“开机欢迎、关机欢送”的现象很多。环境信息公开既是公众参与环境保护的重要渠道，也是打击环境违法的新手段。针对目前环境信息公开存在的问题，有关部门要充分利用环境信息公开的有利条件，更有力地打击环境违法行为，遏制地方政府不当决策带来或可能带来的环境危害，强化严格执法、依法行政的责任意识，切实把环境执法监管进一步纳入法治轨道。

我国环境信息公开的规定较为分散，形式上大致可以分为环境信息公开专门立法和有关环境信息公开的单行立法(表 5-3)。

表 5-3 环境信息公开部分法律、法规

法律、法规名称	颁布、实施时间	备注
《环境保护法》	1989 年	第 6 条规定：“一切单位和个人都有保护环境的义务，并有权对污染和破坏环境的单位和个人进行检举和控告”； 第 11 条规定：“国务院和省、自治区、直辖市人民政府的环境保护行政主管部门，应当定期发布环境状况公报”
《水污染防治法》	1996 年	第 13 条要求：“环境影响报告书中，应当有建设单位所在地单位和居民的意见”
《环境影响评价法》	2002 年	第 11 条：“专项规定的编制机关对可能造成不良环境影响并直接涉及公众环境权益的规划，应当在该规划草案报送审批前，举行论证会、听证会，或者采取其他形式，征求有关单位、专家和公众对环境影响报告书草案的意见，但是国家规定需要保密的情形除外。编制机关应当认真考虑有关单位、专家和公众对环境影响报告书草案的意见，并应当在报送审查的环境影响报告书中附具对意见采纳或者不采纳的说明”

续表

法律、法规名称	颁布、实施时间	备注
《清洁生产促进法》	2002 年	第 31 条从企业角度规定其公开环境信息的义务，即“列入污染严重企业名单的企业，应当按照国务院环境保护行政主管部门的规定公布主要污染物的排放情况，接受公众监督”
《关于企业环境信息公开的公告》	2003 年	http://www.law-lib.com/law/law_view1.asp? id-81284
《关于落实科学发展观加强环境保护的决定》	2005 年	在健全社会监督机制措施方面指出应及时发布环境污染事故信息，为公众参与创造条件，并强调企业要公开环境信息
《环境影响评价公众参与暂行办法》	2006 年	“公开环境信息”一节中在《环境影响评价法》和《建设项目环境保护管理条例》的基础上进一步具体规定公众参与环境影响评价的原则、范围、方式和程序
《上市公司环境信息披露指引》	2006 年	https://wenku.baidu.com/view/48728cc489eb172ded63b759.html
《环境信息公开办法(试行)》	2007 年	http://www.zhb.gov.cn/gkml/hbb/qt/200910/t20091023_180069.htm
《关于中央企业履行社会责任的指导意见》	2008 年	指出企业应该建立社会责任报告制度并定期发布企业社会责任报告，并主动接受各个方面的监督
《环境信息公开办法(试行)》	2008 年	https://baike.baidu.com/item/%E7%8E%AF%E5%A2%83%E4%BF%A1%E6%81%AF%E5%85%AC%E5%BC%80%E5%8A%9E%E6%B3%95%EF%BC%88%E8%AF%95%E8%A1%8C%EF%BC%89/15216696? fr=aladdin
《上市公司环境信息披露指南》	2010 年	https://wenku.baidu.com/view/1716f489d0d233d4b14e6986.html
《中华人民共和国环境保护法》(摘录)	2015 年	1. https://baike.baidu.com/item/%E4%B8%AD%E5%8D%8E%E4%BA%BA%E6%B0%91%E5%85%B1%E5%92%8C%E5%9B%BD%E7%8E%AF%E5%A2%83%E4%BF%9D%E6%8A%A4%E6%B3%95/717646? fr=aladdin 2. http://www.foshanepb.gov.cn/zwgk/qyxxgk/zcwj/201604/t20160426_5591124.html

续表

法律、法规名称	颁布、实施时间	备注
《企业事业单位环境信息公开办法》(摘录)	2015 年	1. https://baike.baidu.com/item/%E4%BC%81%E4%B8%9A%E4%BA%8B%E4%B8%9A%E5%8D%95%E4%BD%8D%E7%8E%AF%E5%A2%83%E4%BF%A1%E6%81%AF%E5%85%AC%E5%BC%80%E5%8A%9E%E6%B3%95 2. http://www.foshanepb.gov.cn/zwgk/qyxxgk/zcwj/201604/t20160426_5591124.html
《石油行业可持续发展报告指南》	2010 年	指出通过可持续发展报告能够全面、系统地反映企业的环境责任履行情况，进一步满足环境责任信息使用者和利益相关者的需求

1.《宪法》中环境知情权的规范

2004 年修改后的《宪法》第 2 章第 41 条规定："中华人民共和国公民对于任何国家机关和国家工作人员，有提出批评和建议的权利；对于任何国家机关和国家工作人员的违法失职行为，有向有关国家机关提出申诉、控告或者检举的权利，但是不得捏造或者歪曲事实进行诬告陷害。对于公民的申诉、控告或者检举，有关国家机关必须查清事实，负责处理。任何人不得压制和打击报复。由于国家机关和国家工作人员侵犯公民权利而受到损失的人，有依照法律规定取得赔偿的权利"。这一规定是明确赋予公民具有申诉、控告、检举政府违法失职的基本权利。公民的环境信息权虽然没有明确在该条款中予以规定，但该项基本权利的外延包括了对公民环境知情权的法律保护。需要通过其他有关环境信息方面的法律细化具体规定，明确环境知情权的内容、行使方式以及救济渠道。

2. 综合性环境基本法中环境知情权的规范

1989 年《环境保护法》在总则部分对环境信息权做了类似于宪法的规定。第 6 条规定："一切单位和个人都有保护环境的义务，并有权对污染和破坏环境的单位和个人进行检举和控告"，并在第 11 条第 2 款规定了政府公开环境状况公报的义务："国务院和省、自治区、直辖市人民政府的环境保护行政主管部门，应当定期发布环境状况公报"。值得注意的是《环境保护法》在规定公民具有保护环境义务的同时，却并未明确提及公民享有美好环境的权利。政府在环境信息公开中的法律义务设定不完整，仅明确了国务院和省、自治区、直辖市人民政府的环境保护行政主管部门，至于设区的市和县级人民政府的信息公开法律义务，则没有提及。对于突发环境事件而言，法律对于环境信息知情权的保护是通过设定政府和有关单位的应急法律义务而实现的。第31条规定："因发生事故或者其他突然性事件，造成或者可能造成污染事故的单位，必须立即采取措施处理，及时通报可能受到污染危害的单位和居民，并向当地环境保护行政主管部门报告，接受调查处理"。上述规定从环境基本法的角度，对政府公开环境状况的义务及造成污染事故单位的通报义务做了原则性的规定。为了细化突发环境事件中的应急程序机制，全面、及时、有效地应对环境事故，保护公民在事件发生前后的知情权，2006年1月，国务院相继发布了《国家突发公共事件总体应急预案》和《国家突发环境事件应急预案》。2007年8月，国家出台《突发事件应对法》，从突发事件的预防与应急准备、监测与预警、应急处置与救援、事后恢复与重建等方面构建起一整套突发事件应急法律机制。2011年4月，环境保护部发布《突发环境事件信息报告办法》，进一步在对突发环境事件分级细化的基础上，规范政府突发环境事件信息报告的程序，细化了政府在突发环境事件信息报告中迟报、谎报、瞒报、漏报有关突发环境事件信息的法律责任。

3. 环境保护单行法律法规规章中环境知情权保护的规范

这其中既包括全国人大常委会颁布的法律，也有国务院及其各部委制定的行政法规、部门规章及其规范性文件。文中所涉及的法律法规包括《环境保护法》《大气污染防治法》《水污染防治法》《环境噪声污染防治法》《清洁生产促进法》《循环经济促进法》《环境影响评价法》《关于加强上市公司环境保护监督管理工作的指导意见》《关于对申请上市的企业和申请再融资的上市企业进行环境保护核查的规定》《企业环境信息公开公告》《关于进一步严格上市环保核查管理制度加强上市公司环保核查后督查工作的通知》《上市公司信息披露办法》《环境影响评价公众参与暂行办法》《危险废物经营许可证管理办法》等。

1）环境影响评价中的信息公开

《环境影响评价法》第5条规定："国家鼓励有关单位、专家和公众以适当方式参与环境影响评价"。第11条规定："专项规划的编制机关对可能造成不良环境影响，对直接涉及公众环境权益的规划，应当在该规划草案报送审批前，举行论证会、听证会，或者采取其他形式，征求有关单位、专家和公众对环境影响报告书草案的意见。编制机关应当认真考虑有关单位、专家和公众对环境影响报告书草案的意见，并应当在审查的环境影响报告书中附有对意见采纳或者不采纳的说明"。

《环境影响评价公众参与暂行办法》第7~11条规定了公众参与与环境影响评价的信息公开主体、内容、方式和程序。另外还有几部单行的环境保护法律，也规定了信息公开内容，比如《大气污染防治法》第2条第2款就规定，在大气污染受到了严重损害的情况下，当地政府应该向当地居民公告。如果发生了事故或者可能发生事故，有可能危害人民安全，当地政府有责任向当地居民公告。

2）污染防治单行法中的信息公开

《水污染防治法》第19条规定："国务院环境保护主管部门对按照要求完成重点水污染物排放总量控制指标的省、自治区、直辖市予以公布。省、自治区、直辖市人民政府环境保护主管部门对按照要求完成重点水污染物排放总量控制指标的市、县予以公布"。《北京市水污染防治条例》第21条规定："本市实行水环境质量公报制度。水环境质量信息由市环境保护行政主管部门统一发布"。第22条规定："建设或者运行水环境监测设施需要相关机关、团体、企业事业单位或者其他组织提供便利条件的，相关机关、团体、企业事业单位或者其他组织应当予以配合。任何单位或者个人不得破坏、损毁或者擅自改动水环境监测设施"。第23条规定："市人民政府及有关部门应当将排污单位违反水污染防治法律法规的行为纳入本市企业信用信息系统，对严重污染水环境的企业通过媒体予以公布"。第24条规定："市和区、县环境保护、水行政等部门应当公布本部门受理对污染损害水环境行为举报的联系方式。对属于本部门职责范围的举报事项，应当及时处理；对不属于本部门职责范围的，应当及时转交有权处理的部门，并告知举报人。对举报属实的，应当对举报人给予奖励"。

《环境噪声污染防治法》第19条规定："在城市范围内从事生产活动确需排放偶发性强烈噪声的，必须事先向当地公安机关提出申请，经批准后方可进行。当地公安机关应当向社会公告"。第35条规定："城市人民政府公安机关可以根据本地城市市区区域声环境保护的需要，划定禁止机动车辆行驶和禁止其使用声响装置的路段和时间，并向社会公告"。

3）清洁生产与循环经济立法中的信息公开

《中华人民共和国清洁生产促进法》第17条规定："省、自治区、直辖市人民政府环境保护行政主管部门根据企业污染物的排放情况，在当地主要媒体上定期公布污染物超标排放或者污染物排放总量超过规定限额的污染严重企业的名单"。第31条规定："根据本法第17条规定，列入污染严重企业名单的企业，应当按照国务院环境保护行政主管部门的规定公布主要污染物的排放情况"。

《循环经济促进法》第10条第3款规定："公民有权举报浪费资源、破坏环境的行为，有权了解政府发展循环经济的信息，并提出意见和建议"。第17条规定："国家建立健全循环经济统计制度，加强资源消耗综合利用和废物产生的统计管理，并将主要统计指标定期向社会公布”。

4）生态保护法律法规中的信息公开

《水土保持法》第11条规定：“国务院水行政主管部门应当定期组织全国水土流失调查并公告调查结果。省、自治区、直辖市人民政府水行政主管部门负责本行政区域的水土流失调查并公告调查结果，公告前应当将调查结果报国务院水行政主管部门备案”。第42条规定：“国务院水行政主管部门和省、自治区、直辖市人民政府水行政主管部门应当根据水土保持监测情况，定期对下列事项进行公告：水土流失类型、面积、强度、分布状况和变化趋势；水土流失造成的危害；水土流失预防和治理情况”。

5）有关企业环境信息公开的规范性法律文件

2003年国家环保总局制定的《关于企业环境信息公开的公告》是我国第一部环境信息公开规章，对企业信息公开的内容、方式都作了相关规定。超标准排放污染物或者超过污染物排放总量规定限额的污染严重企业是信息公开的主体。其中企业必须公开的信息包括：企业环境保护方针污染物排放总量；企业环境污染治理；环保守法(如是否发生过污染事故以及事故造成的损失)；环境管理(如依法应当缴纳排污费金额)。企业自愿公开的环境信息包括：企业资源消耗；企业污染物排放强度；企业对环境的关注程度；下一年度的环境保护目标；当年致力于社区环境改善的主要活动；获得的环境保护荣誉；减少污染物排放并提高资源利用效率的自觉行动和实际效果；对全球气候变暖、臭氧层消耗、生物多样性减少、酸雨和富营养化等方面的潜在环境影响。企业信息披露的方式：必须进行环境信息公开的企业除在国家环保部政府网站和省级环保部门政府网站上公布外，可以通过报纸和其他形式的媒体公布，也可以通过印制小册子等形式进行公布；鼓励企业发布年度环境报告书并在企业网站或政府网站上公布。

4. 行政程序法中的环境信息公开

环境信息知情权的法律规范不仅表现为环境法律法规中的实体性规范，而且表现为行政程序性法律规范。我国虽然没有专门的行政程序法，但有关行政行为的程序性规范都包含在行政许可法、行政处罚法、行政强制法、行政复议法、行政诉讼法等基础性行政单行立法中，通过案卷制度、回避制度、说明理由制度、听证制度、救济制度等制度群，实现对公民环境信息知情权保护的法律保护，并成为环境信息公开法律制度的重要组成部分。例如1999年《行政复议法》第23条规定：“申请人、第三人可以查阅被申请人提出的书面答复，作出具体行政行为的证据、依据和其他有关材料，除涉及国家秘密、商业秘书或者个人隐私外，行政复议机关不得拒绝”。1996 年《行政处罚法》第 31 条规定：“行政机关在作出行政处理决定之前，应当告知当事人作出行政处罚决定的事实，理由及依据，并告知当事人依法享有的权利”。《环境行政处罚办法》第 72 条规定：“除涉及国家机密、技术秘密、商业秘密和个人隐私外，行政处罚决定应当向社会公开。”为了规范环境行政处罚的听证程序，环境保护部于 2010 年 12 月出台了《环境行政处罚听证程序规定》，就听证的适用范围、听证的告知和申请、听证会的召开等程序问题作出规定，使得行政处罚相对人及利害关系人能够通过行政公开程序，表达各自意见，保证环境行政执法机关所作出的处罚合法、过罚相当、程序公开。

5. 石油石化行业 HSE 与环境信息公开

石油石化企业作为我国工业界的排污大户，其环境信息公开显得尤为重要。典型的案例如 2011 年国内某公司渤海湾漏油事件对我国企业环境信息公开法律制度的建设提出了迫切的要求。石油石化行业中对于环境保护最重要的指导是 HSE 管理体系。HSE 管理体系指的是健康（Health）、安全（Safety）与环境（Environment）三位一体的管理体系，责任制是 HSE 管理体系的核心。1991 年，壳牌公司颁布健康、安全与环境（HSE）方针指南。同年，在荷兰海牙召开了第一届油气勘探、开发的健康、安全与环境（HSE）国际会议。1994 年在印度尼西亚的雅加达召开了油气开发专业的安全、环境与健康国际会议，HSE 活动在全球范围内迅速展开。作为石油石化行业新型的安全、环境与健康管理体，HSE 管理体系要求石油企业在生产过程中应当考虑公众的要求，严格按照政府的环保法律、法规制定开发生产环保计划，建立并有效运行 HSE 管理体系，在生产过程中实施清洁生产、污染控制技术。

5.6.3 环境信息公开的良好实践案例

1. 中国石油克拉玛依石化有限责任公司环境信息公开

中国石油克拉玛依石化有限责任公司根据国家环境保护部、新疆维吾尔自治区环境保护厅及克拉玛依市环境保护局的要求，特向公众公开本企业的环境保护信息，接受公众监督、检查。详情见 http://www.klmy.gov.cn。

2. 大连推进重点行业环境信息公开，5 家石化企业用电子屏幕公开企业环境信息

央广网大连 2017 年 11 月 3 日消息（记者张四清）：日前，记者在大连某石油化工公司看到，一副近 5 米长、3 米宽的大尺寸电子屏幕伫立在公司门前，屏幕

滚动显示企业生产状况、排污口、排污许可证、污染物监测等环保信息。这是大连市石化企业率先利用在电子屏幕公开企业环境信息的一个缩影。为进一步强化企业环境保护主体意识，主动履行社会责任，多渠道公开企业环保信息，大连市环保局下发《关于利用电子屏幕公开企业环境信息的工作方案》，倡导全市石油化工、热电、污水处理厂等部分国控重点排污企业，分期分批开展利用大尺寸电子屏幕公开企业环保信息。

大连市环保局工作人员介绍说，通过电子屏幕公开企业环境信息能够进一步加强公众与政府、企业之间的沟通，在互动中形成共识，消除误解，增进理解，形成合力，从而有效消除邻避效应。截至目前，5 家石化企业率先利用电子屏幕公开企业环境信息。据了解，下一步，大连市还将在热电、污水处理厂等重点排污企业持续推广这一做法。详情见 http://news.cnr.cn/native/city/20171103/t20171103_524011220.shtml。

3. 江苏某石化有限公司企业环境信息公开

2017 年度斯尔邦石化有限公司设定环境保护目标："杜绝环境事故；废水达标排放率 100%"。公司严格按照环评批复要求，执行环保"三同时"管理制度，进行了项目配套环保设施的建设。聘请了江苏某环保监理公司进行项目全程环境监理工作。配套环保设施同生产装置陆续同步投入试生产。

公司一直以环境保护作为优先考虑，每年都通过徐圩新区环保局购买有关的环保资料和环保杂志，在公司网站、员工入场教育等平台大力宣传和贯彻环保法律法规知识。公司从建设到试生产以来，没有对环境产生过污染，也没有因环境污染受到环保部门的处罚。环境监察部门每年对公司进行全面监察，每次监察都达到了环境监察要求。公司编制了环境事故应急预案，成立了环境事故应急预案领导小组，对公司内有可能发生的各种事故应急管理方案制定了详细的处理措施，每年进行了针对性的预案演练。该预案于 2015 年 11 月 13 日在连云港市环保局进行了备案。公司重视环境保护工作，公司在发展的同时，注重环境保护的投入，公司各项环保制度和操作规程健全，各项环保设施能落到实处，有效监控，树立了良好的企业环保形象。详情见 http://www.shenghongpec.com/gb2312/hbln/hpgs/163.html。

4. 中国石化九江石化加大信息公开力度，通过公示、座谈会、问卷发放等方式了解公众意见

九江石化总投资 28 亿元的 60 万 t 芳烃联合装置(含 PX)项目在"一闹就停"的社会背景下，摆脱 PX 困局，成功走到环评最后一步。九江石化 PX 项目启动

于2012年2月，同时成立了环评工作小组，企业和政府共同参与。2013年4月，完成了环评报告书的送审稿；2014年，根据装置和生产情况，九江石化对送审材料做了补充和完善，同其他化工类项目一样，在PX项目环评中，重点强化项目选址、环境影响、风险防范、公众参与等相关内容，此类项目必须在依法设立、环境保护基础设施齐全、环境风险防范措施到位，并经规划环评的产业园内建设，必须符合污染物达标排放、总量控制、环境质量标准等要求，要进行全面的环境风险评价，制定并落实有效的环境风险评估，制定并落实有效的环境风险防范措施和应急预案，同时加大信息公开力度，广泛听取公众意见，必要时召开座谈会、听证会等。根据要求，在环评过程中，九江石化先后进行了两次公示：2012年4月10日，在当地环保局网站及现场进行公示，重点在各区政府、街道办、村委会、学校等公告栏张贴项目环评第一次公告。2012年9月27日，分别在报刊、人民政府网站、九江市环保网站等公示了27天。2013年4月29日，九江石化在当地报纸进行了芳烃项目第二次公示的补充公示。除公示公告外，九江石化还在与周边居民的座谈方面做了努力。2012年10月20日，九江石化和环评单位在九江市环保局组织下，就PX项目环境影响评价召开了座谈会，位于项目环境影响范围内的代表占参会人数的95%以上。2012年10月，九江石化在九江市范围内举行了公众问卷调查，重点调查区域内受影响的单位和个人代表，调查涵盖了各领域、各职业、不同文化层次和年龄段，代表性较强。“在重点关注区域发放问卷650份，回收了627份，从调查情况看，90%以上表示支持，10%左右表示无意见或无所谓”，唐安中介绍说。九江石化在项目推进过程中十分关注公众的意见。唐安中说：“湖北省离我们有1公里远，根据环评专家的意见，公司还是补充完成了对湖北省小池镇的问卷调查工作。在当地共发放问卷56份，其中52份表示支持，4份持无所谓态度。”详情见 http://www.qstheory.cn/st/stsp/201404/t20140417_341234.htm。

5. 临淄700多家化工企业环境信息全公开接受社会监督

淄博齐鲁网5月14日讯(临淄电视台记者郑晓伟)：为维护公民、法人和其他组织依法享有获取环境信息的权利，推动公众参与和监督环境保护工作，强化重点排污企业事业单位环境信息公开，根据新《中华人民共和国环境保护法》和环境保护部令第31号《企业事业单位环境信息公开办法》的规定，自即日起，临淄区涉及的700多家化工生产、储存企业环境信息将全部陆续公开，接受社会监督。届时，不公开、不按照公示规定的内容公开，或者公开内容不真实、弄虚作假的，将被处以3万元以下的罚款并予以公告。详情见 http://zibo.iqilu.com/zbminsheng/2015/0514/2405140. shtml。

6. 中国石油天然气集团公司发布 2011 年社会责任报告

2012 年 4 月 6 日，中国石油天然气集团公司发布 2011 年社会责任报告，这是中国石油 2006 年建立社会责任报告发布制度以来连续第六年的发布。本着“客观、规范、诚信、透明”的原则，报告从可持续的能源供应、负责任的生产运营、重人本的员工发展、促民生的社会贡献等方面，真实全面反映了 2011 年中国石油履行经济责任、环境责任和社会责任的情况。在有关环境信息披露方面，主要体现在中国石油社会责任报告中的负责任的生产运营部分，细化为强化安全环保管理、着力提升运营安全、大力推行绿色发展、积极应对气候变化、提升产品和服务质量五个章节。首先提出了对于环境问题的基本理念，即坚持“环保优先、安全第一、质量至上、以人为本”的理念，追求“零伤害、零污染、零事故”的目标，关注并积极应对气候变化，大力推进节能减排；努力在健康、安全、环境与质量管理方面达到国际同行业先进水平；推行安全生产、绿色生产、节约生产，大力倡导生态文明，努力实现能源与环境的和谐；持续完善质量管理，为消费者提供更优质的产品和服务。强化安全环保管理的主要举措是公司推行健康、安全与环境(Health，Safety and Environment，简称“HSE”)一体化管理，通过完善 HSE 体系、加强 HSE 监管和考核，不断提升 HSE 管理水平。着力提升运营安全方面强调公司发展速度日益加快、业务领域日益拓宽、资产规模日益扩大的过程中，面临更加严峻的安全环保风险；将安全环保工作视为各项工作的重中之重，贯穿于生产经营各业务领域和全过程。大力推行绿色发展方面主要强调通过创新节能减排的理念、技术、管理和机制，不断提高能效和污染减排水平，大力推进十大节能和十大减排工程；切实采取提高能效、循环利用资源、生态修复和减少排放等举措，努力将生产运营可能给环境带来的不利影响降至最低，积极推进资源节约型和环境友好型企业建设。积极应对气候变化方面，指出把应对气候变化作为关系经济社会发展和公司可持续发展的重大议题，积极支持中国政府应对气候变化的政策与行动，主动采取措施减碳、固碳，为减缓全球气候变化作贡献。详情见 http://finance. ifeng. com/roll/20120406/5881497. shtml。

7. 山东开启“双晒”新模式

山东自 2014 年 3 月起每月发布 17 个设区城市落实《山东省区域性大气污染物综合排放标准》执行情况清单，详细罗列了每一家涉气企业的治污设施基本信息、达标排放情况、提标改造计划安排及完成时限，还标注了当地环保部门对超标行为的监管和处理措施等信息。一晒企业治污情况，二晒环保监管情况，谓之“双晒”。“双晒”企业数量亦不断增长，自去年开始的800多家增加到了目前的8000余家。山东的“双晒”模式，开创了污染源监管信息发布新模式。

同时，省级环保部门统一信息发布格式，要求各地市进行相关信息定期梳理及汇总，再汇集于省级环保部门官方网站统一平台按月规律发布，便于公众纵向跟踪了解各污染源达标情况，也便于公众横向比较本地区各污染源污染治理设施配套情况及排放达标情况。详情见 http://www.xinhuanet.com/politics/2015-08/27/c_128170058.htm。

8. 湖南信用评价采纳NGO意见

2015年5月15日，湖南省环境保护厅网站发布了《湖南省2014年度企业环境信用评价结果公示》，共计1184家企业参评。

公示期间，湖南当地环保组织绿色潇湘环保科普中心(以下简称绿色潇湘)通过官方微信公众号、网站、微信、QQ群等形式，将此消息进行二次传播，并收集公众反馈。通过与公开的环境监管信息进行比对，绿色潇湘发现，有63家企业在2014年存在环境违规记录，71家企业在2014年度存在自行监测数据超标情况。绿色潇湘据此于2015年5月19日向评级单位湖南省排污权交易中心发出正式提示信。2015年5月27日，湖南省企业环境行为信用评价工作办公室回应提示信，采纳绿色潇湘提出的“将企业自行监测数据作为评价依据”的意见。详情见 http://www.xinhuanet.com/politics/2015-08/27/c_128170058.htm。

9. 多地建立环保政务微博体系

在开通环保政务微博的地区中，银川市环境监察支队自2013年3月开通官方微博“银川环境监察”，受理环保投诉热线12369和银川市环境保护局官方微博银川环保指派的微博投诉信息。所有环境投诉信息由银川环境监察统一回复，向公众公开核查结果、处理意见，同时公开投诉人微博账号。

山东省环境保护厅自2013年5月份开通官方微博“山东环境”，之后17个地级市环保政务微博全部开通，曲阜、邹平、兖州、青州、临朐等100多个区县级环保局也纷纷开通了环保政务微博，公开环保信息和工作动态、解决公众举报的环境问题，开创了“线上交流互动，线下执法联动”的3级环保政务微博体系。上述微博账号以山东环境为中心，逐级向各市、各区县辐射开，每当各基层环保局成功处置了环境污染事件，或是解决了网友投诉，它们都会通过微博向网民分享，而上级环保局微博或“山东环境”则会主动转发各地的优秀案例，以帮助其传播，从而形成全省环保系统微博联动机制，带动所有账号共同提升影响力。今年6月1日发布的环保微博榜前100名中，山东省环保厅及其下辖各环保局、监测站的账号高达43个。详情见 http://www.xinhuanet.com/politics/2015-08/27/c_128170058.htm。

5.7 本章小结

1. 石油化学工业历程、特点与伦理学

从新中国成立为时间节点出发，阐述我国石油化学工业的发展历程，总结石油工程自身特点即高风险、高科技、高投入、高回报，同时肯定石油化学工业在国民经济中对能源、农业等方面发挥着巨大的促进作用。通过对石油工程领域的伦理学研究及应用，有利于保障我国石油工业的健康、安全和可持续发展和取得公众、社会和国际信任并承担应有的责任。伦理学在石油工程中的作用可分为两方面：一是给予支持和肯定，为其解决一系列的价值难题；二是为其进行道德引导、约束，以保证其安全且向着有利于充分满足人民群众的物质及文化生活需要的方向发展。

2. 石油工程中的伦理问题及原则

石油工程所涉及的伦理问题可分为技术伦理、职业伦理和社会伦理三个方面。技术伦理与生产安全密不可分，是指各种石油工程技术决策和判断、制造方法的选择、安全因素考虑等带来的伦理问题。职业伦理更注重主体间的交往伦理，侧重于工程师的职业特性、职业目的、职业准则，往往与HSE管理体系相关联。社会伦理主要涉及环境与生态安全、社会公正、经济发展与工程的社会责任，其中石化企业环境信息公开有有关法律和法规要求及良好的实践案例。其次，石油工程应遵循三大伦理原则，即以人为本、可持续发展和生态原则。

3. 石油工程安全与伦理

安全与风险是同一问题的正反两面。为了更好地实现石油工程安全，需要改善行政导向性、保守性、公众参与度、实践中对风险的不同解读等因素，以达到石油工程风险的客观公正评估。我国石油工程伦理建设已经贯穿企业管理、项目决策、工程活动、法约规制、社会评价各个方面，对于石油工程常见的事故也有其安全生产的应对措施。我国正进一步加大对石油工程管理研究的力度和深度，对石油工程安全管理的风险管理中具体问题进行具体分析，及时发现潜在隐患，但是一些政策上的空白和管理方法上的不足仍然存在于我国石油工程风险管理中，如科学系统的管理机制、有效的应对措施、新事物带来的未知等，限制了石油安全风险管理工作的有效开展。

4. 石化企业环境信息公开

环境信息公开是目前环境污染加剧的大局面和环保运动兴起的大趋势下，人类对环境管理的必然需求，这项工作的展开有利于推动改善环境现状、减少污染物的排放、消除环境事故风险、避免环境问题导致的群众矛盾等。环境信息公开是公众参与的突破口，是企业承担社会责任的推动器，是政府行为的导航灯，是保护公共利益的需要，是有效预防、应对环境突发事件的有力手段。虽然环境信息公开具有十分重要的意义，但是目前企业环境信息公开仍存在诸多问题。石油石化企业作为我国工业界的污染大户，其环境信息公开显得尤为重要，本章介绍了九个石油石化企业环境信息公开的良好实践案例。

思考与讨论

1. 石油工程的特点是什么？针对石油工程的特点，简述伦理学在石油工程中的作用。

2. 结合实际案例，思考石油工程涉及的伦理问题、应遵循的伦理原则有哪些。

3. 为实现对石油工程风险的客观公正评估，需要特别注意哪些因素。

4. 结合危险性分析方法，分析油气开采过程中的安全管理需要注意哪些问题。

5. 简述你所了解的环境信息公开的有关法律、法规要求。

参考文献

[1] 顾剑，顾祥林．工程伦理学[M]．上海：同济大学出版社，2015.

[2] 中国石油天然气集团公司工程技术与市场部．中国石油天然气集团公司井喷事故案例汇编[M]．北京：石油工业出版社，2006.

[3] 中国石油天然气股份有限公司勘探与生产工程监督中心．井下作业监督案例汇编[M]．北京：石油工业出版社，2010.

[4] 黄时进．新中国石油化学工业发展史[M]．上海：华东理工大学出版社，2012.

[5] 安珂·范·霍若普．安全与可持续–工程设计中的伦理问题[M]．北京：科学出版社，2013.

[6] 赵书华，娄梅．企业伦理与社会责任[M]．北京：中国人民大学出版社，2011.

[7] 柳琴，史军．气候地球工程的伦理研究[M]．北京：科学出版社，2016.

[8] 石油天然气工程质量监督案例编委会．石油天然气工程质量监督案例[M]．北京：石油工业出版社，2013.
[9] 哈尔·塔贝克，拉姆·拉姆那．环境伦理与可持续发展-给环境专业人士的案例集锦[M]．北京：机械工业出版社，2017.
[10] CPE 北京兴油工程项目管理有限公司．石油工程建设项目管理风险识别案例手册[M]．北京：石油工业出版社，2013.